U0208811

周蓓 主編

專題史叢書

葉良輔 著 （澳）多爾脫 著 杜若城 譯

河南人民出版社

地質學小史·岩石發生史

本書簡要敘述了地質學的發展過程，涵蓋希臘羅馬時代至十八世紀的地史觀念、十九世紀的地質學發展、地址原理、地質調查與經濟地質學、古生物學與生物之連續、岩石學與構造地質學的興起、中國地質學研究的興起等內容

圖書在版編目(CIP)數據

地質學小史 / 葉良輔著. 岩石發生史 / (澳)多爾脱著; 杜若城譯. —鄭州 : 河南人民出版社, 2016. 10(2017.7 重印)
(專題史叢書 / 周蓓主編)
ISBN 978-7-215-10467-9

Ⅰ. ①地… ②岩… Ⅱ. ①葉… ②多… ③杜… Ⅲ. ①地質學史-研究-②岩石成因-研究 Ⅳ. ①P5

中國版本圖書館 CIP 數據核字(2016)第 256578 號

河南人民出版社出版發行
(地址：鄭州市經五路 66 號　郵政編碼：450002　電話：65788063)
新華書店經銷　　河南新華印刷集團有限公司印刷
開本 710 毫米×1000 毫米　1/16　印張 21.75
字數 180 千字
2016 年 10 月第 1 版　　2017 年 7 月第 2 次印刷

定價 ：142.00 圓

出版前言

中國現代學術體系是在晚清西學東漸的大潮中逐步形成的。至民國初建，中央政治權威進一步分散和削弱，加之新文化運動帶給國人思想上的空前解放，新學的啓蒙，新知識分子的産生，民國學術如草長鶯飛，進入一個自由而蓬勃的時代。中國傳統學科乃中國學術之根基與菁華所在，民國學人采用『取今復古，别立新宗』之方法，引入西方的學術觀念，積極改造，使史學、文學等學科向現代學術方向轉型。此外，大力推介西方社會科學的新學科和自然科學，在學習、借鑒乃至移植西方現代學術話語和研究範式的過程中，逐漸建立中國現代學科，使中國的學科門類迅速擴展。一時間，新舊更迭，中西交流，百花齊放，萬壑争流，開創了中國現代學術的源頭。

伴隨知識轉型和研究範式轉换而來的，還有學術著作撰寫方式的創新。中國古代的著作向來以單篇流傳，經後人整理匯編後，方以成册成集的面目出現并持續傳播。直到十九世紀末，東西方的歷史編撰體裁不外乎多卷本的編年體、紀傳體和紀事本末體等，章節體的出現標志着近代西方學術規範的産生和新史學的興起。章節體具有依時間順序，按章節編排；因事立題，分篇綜論；既分門别類，又綜合通貫的特點。以章、節搭建起論述之框架，結構分明，邏輯清晰，較傳統的撰寫體裁容量大、系統性强。它的傳入，使中國現代學術體系從内容到形式被納入了全球化的軌道。民國時期專題史的研究、譯介、編纂、出版恰恰是在這樣的背景下欣欣而發，是學術的實驗場，也是歷史的記録儀。編選『民國專題史』叢書的初衷正是爲了從一個側面展示中國學術從傳統向現代過渡的歷史進程。

專題史是對一個學科歷史的總結，是學科入門的必備和學科研究的基礎，也是對一個時代艱深新鋭問題的解答，是學術研究的高點。民國專題史著作中，既包含通論某一學科全部或一時代（區域、國别）的變化過程的，又囊括對一時代或一問題作特殊研究的，還有少部分是對某一專題的史料進行收集的。原創與翻譯并重，翻譯的底本大多選擇該學科的代表著作或歐美大學普及教本，兼顧權威性和流行性，其中日本學者的論著占據了相當比重。日本與中國同屬東亞儒家文化圈，他們在接納西方學術思想和研究模式時，已作了某種消化與調適，從思維轉换的角度看，更便于中國借鑒和利用，他們的著作因而被時人廣泛引進。

與當代學術研究日趨專業化、專門化、專家化的『窄化』道路迥乎不同的是，中國傳統學術崇尚『學問主通不主專，貴通人不尚專家』的通識型治學門徑，處于過渡轉型期的民國學術在不同程度上保留了這種特徵。民國學術大師諸學科貫通一脉，上千年縱横捭闔之功力自不待冗言，外交家著倫理政治史、文學家著哲學史、化學家著戰争史等亦不乏其人，民國專題史研究呈現出開放、融通、跨界撰述的特點。與此同時必須看到，自晚清以來，中國的命運就在外侮屢犯、內亂頻仍的窘境中跌宕彷徨，民族存亡仿若命懸一綫。這股以創建學科、總結經驗、解决問題爲指歸的專題史出版風潮背後，包裹着民國學人企望以西學爲工具拯民族于衰微的探索精神，及以學術救亡的愛國之心。梁任公曾言：『史學者，學問之最博大而最切要者也，國民之明鏡也，愛國心之源泉也。』這種位卑未敢忘憂國的歷史使命感和國民意識是令人無法漠視和遺忘的。

『民國專題史』叢書收録的範圍包括現代各個學科，不僅限于人文社會科學，學科分類以《民國總書目》的分科爲標準，計有哲學、宗教、社會、政治、法律、軍事、經濟、文化、藝術、教育、語言文字、中國文學、外國文學、中國歷史、西方史、自然科學、醫學、工業、交通共19個學科門類。本叢書分輯整理出版，內不分科，單本發行，方便讀者按需索驥。既可作爲大專院校圖書館、學術研究機構館藏之必備資源，也可滿足個人研讀或興趣之收藏。

與目前市場已有的一些專題史叢書相比，『民國專題史』叢書具有規模大、學科全、選本精、原版影印的特點。本叢書選目首重作者的首創、權威和著作影響力，尤其注重選本的稀見性。所謂稀見，即建國後没有再版，且多數圖書館没有收藏，或即便有收藏，也是歸于非公開的珍本之列予以保存，普通讀者難以借閲。部分圖書雖有電子版，但作爲學術研究的經典原著讀本，紙質版本更利于記憶和研究之用。本叢書精揀版本最早、品相最佳的原版圖書作爲底本，因而還具有很高的版本收藏價值。

『民國專題史』的著作是民國學者對于那個時代諸問題之探究，往往有獨到之處，無論其資料、觀點短長得失如何，要之在中國現代學術史的構建與發展進程中，自有其開宗立論之地位。

例言

一、本書乃將地質學發展之過程，作簡單之敍述。

一、本書體裁，大致乃以時代爲經，事實爲緯。

一、本書因地質學在我國之研究，尚不足二十年，時間過於短促，故祇在卷末略及之。

一、本書各參考書，均見卷末附錄；惟本書之主要根據，則爲基啓(A. Geikie)，武德華(Horace Woodward)及戚忒爾(K. A. von Zittel)三氏之著作。

地質學小史

目錄

地質學小史

第一章　初期之地史觀念

地質學在今日已成爲一種說明地球之成因構造及其本身與生物在過去之變遷之科學。關於此等變遷之事實則有岩石，礦物，及化石爲之記載，而所謂地殼，卽合此三者而成之固體也。

地質學在十八世紀之末，始成爲科學。蓋知識本係漸次獲得，且有經過甚長時期，方可獲之者。此不但在地質學如是，卽在其他科學亦復如是也。

地面可以引起人類注意之事物，當然以自然現象爲最易。火山，地震，天空因火山灰屑瀰漫變爲昏黑，溫泉，洪水，山崩，以及陸地之被海水沖毀，既早使人類受有深刻之印像，於是地心熱力，地下潛水，災難循環，以及開闢毀滅時期等觀念，乃隨之產生。

拾取海灘或河床間之石卵，爲工具，選擇砂礫間之黃金或寶石爲珍飾，採取黏土以製陶器，搬集石塊以營居處，執持木棍掘土以興種植，此爲遠古原人之生活也，其行動已在在與地質學有關矣。但地質學之成立則爲時極後，甚至在十九世紀中葉，歐人尙有因偶然發現巨大化石骨骼，而遂深信神話中所稱某種神獸爲確然不誣者，如克拉根福（Klagenfurt）地方人民發一犀類頭骨，遂視爲龍之遺蛻，並範銅爲像，以示尊敬，卽其例也。

古昔學者縱彼此之觀察相同，而其解說則往往不能一致，因之學說紛紜，各不相下，且彼時代之推論，又未必爲此時代所容納，而現象可以變動之程度愈大者，則臆說亦愈多，史料旣甚稀少，卽有論斷，而是非亦難證明，故祇有擱置以作懸案。此外又有好以妄想當作事實者，當其宣傳時所作之假說，固極動聽，終因正確事實，常與錯誤理論混合爲一，故一時頗難分曉。後以經學者不斷努力之結果，然後眞理大明，此爲地質學由玄學進而爲科學之過程也。

一 希臘羅馬時代之哲學家

在科學未昌以前，世人對於地質現象，往往好以神話說明之，如古希臘人對於坦泊河（Tempe）成因之說明，卽其例也。坦泊河爲有羣山環抱之帖撒利（Thessaly）平原風景之所在。古希臘人謂此平原本爲澤國，海神波賽敦（Poseidon）乃鑿山開河，使積水得注於海。後人又有謂此河係有怪力之赫邱利（Hercules）所開成。至大歷史家希羅多德（Herodotus）時代，思想家對於此等現象之說明，雖漸以自然替代超自然，但希氏仍未敢直斥舊說之非。不過僅謂『坦泊河峽爲波賽敦所開，似屬可信。凡主張地震及山裂由神明司之者，必謂此爲波之功。以余觀之，此山顯因地震裂開也。』

地中海盆地人民之觀察自然界，實居於優越之位置。各種自然作用之活動既甚完備，自可就之以證明此種活動，乃自邃古以來，始終不息，積年累月，遂使海陸變形。地震爲災，乃地中海諸國之所飽嘗，而火山噴發亦爲其人民所習見，蓋愛琴海與那不勒斯（Naples）爲地中海區域之二火山中心故也。益以氣候變遷複雜，舉凡與氣候有關之地質作用，遂因之而發達。自庇里尼斯（Pyrenees）以至高加索（Caucasus）一帶之火山與其山巔之雪地、冰川、雲霧、風雨等，均常爲嚴寒狂風，暴雨，山崩等之成因。隆河（Rhone）波河（Po）臺伯河（Tiber）多腦河（Danube）之作用，學者已早有論列。尼羅河（Niles）每年必泛濫一次，乃其兩岸居民之所熟知。地中海沿岸有內含介殼，及他種海洋生物化石之新生地層頗多見者每謂陸地曾爲海水所浸。惟吾人若欲回顧古代學者對於地質現象之觀感，祇須自亞理斯多德（Aristotle）時代述起可矣。今將當時學者對於地質問題之見解，分述之如次：

（一）地下作用　希臘向多地震，前人謂係大氣向地球內部下降所致，亦有謂係地球內部之流質向外噴發所致，——尤以雨後爲然，亦有謂地震每發生於氣候乾燥之季，故大概係地球所含水分減少山脈崩潰所致。亞理斯多德擯除舊見，謂地震乃因地球內部乾濕混和作用而起。地球本身乾燥，受有外來之雨水而生濕氣。外受日光，內感隱熱，因而風生；風易流動，與火合乃生焰，焰更易動，故地震之原因，非水非土，而實爲風。春秋兩季多風，故地震亦多。亞氏又謂地震往往繼續不斷，直至其風衝出地面始已，如在火山島所見者是也。故地震與火山爲兩相關連之現象也。

亞理斯多德在解說岩石金屬及礦物之成因時，謂地球內外有兩種蒸發作用：物質被燃燒而生乾燥之蒸發者，遂成礦物與岩石等不能溶解於水之物質；其生水氣之蒸發者，遂成可以熔化柔軟之金屬。提奧夫拉斯塔（Theophrastus）亞理斯多德之高足也，著有石譜（A Treatise on

Stone）一書，記述普通岩石及礦物之外狀，來源，及應用，實爲岩石學之嚆矢。

紀元初年，羅馬學者斯特拉波（Strabo）著有地理學（Geography）一書，於地形地理，及政治地理等，記載頗詳，而於地震次數地震所成之坑谷及生命及城市之爲地震所毀壞等，亦有述及。是時維蘇威火山（Mount Vesuvius）乃在休靜中，斯氏從未見其活動；但斯氏觀察該山頂部之外形後，卽斷定該山爲火山所成，並謂該山因地下燃料斷絕，所以熄滅。斯氏又嘗遊覽愛德納（Etna）火山，謂熔岩爲一種黑土，在口內爲流質，噴出流下山坡，冷卻凝固則成黑石。斯氏見地中海內諸島頗爲注意，並推定其成因有二：（一）由於地震而斷裂者，距大陸不遠諸島屬之；（二）由於火山噴發而成者，孤踞海中諸島屬之。

羅馬哲學家辛尼加（Seneca）著有自然問題（Natural Questions）一書，記述天體，氣象諸端，幷討論地震火山等問題頗詳；但其見解，仍不脫前人之窠臼。辛尼加曾區別地震式之上下震動，與船行海中之左右搖動，並謂尚有第三種運動，如擺動是也。同時羅馬又有一學者名普里奈（Pliny the Elder）著有自然歷史（Natural History）一書，對於動、植、礦、地震、火山等，均有討論紀元前七十九年，維蘇威火山噴發赫鳩婁尼恩（Herculaneun）與潘沛依（Pompeii）二城塵灰密佈天地昏黑，普里奈爲作科學討求之故因與火山相接太近以致殞命。

（二）地面作用　地面之變遷，以河流作用爲最顯著。希羅多德遊歷埃及時，見尼羅河乃大爲注意，謂河流每年在埃及境所堆積之淤土甚爲重要，並謂埃及爲尼羅河之所賜、柏拉圖（Plato）謂河流乃因地下溢出大量之水而成。亞理斯多德對於此說頗加訕笑，以爲大氣中水氣，冷卻可凝結爲雨而下降，則地下水氣，亦同樣可以凝結爲水以成河源。又謂山岳溫度低下，而水氣易於凝結，故遂接受多量之水，而彷彿如一大海綿焉。亞氏以亞洲及地中海盆地之大小水系爲例證，謂最大河流乃爲由無數溝壑所積之水，自最高之地下降而成。又謂地下似有潛湖，而河流卽由此發源，地下有潛水道，則地面之水乃倏然不見。斯特拉波謂地中海及博斯福魯（Bosporus）因儲水過多，乃溢爲河。又謂如蘇彝士土腰一旦斷裂或下降，則地中海可與紅海相聯絡。

（三）舊時地質變遷之明證　地中海盆地各處有含化石甚富之向上升起之新地層，位於低陸之下，及露於山坡之間，故其引起居民之注意，業已由來甚久，而希臘文學中亦常引及之，並因此推定有許多地方，曾爲海底。古代學者討論地面之變遷，以亞理斯多德最富於哲理，其滄桑之說，極似近人口吻。亞氏略謂今日之海，古昔之陸也，今日之陸，亦能重淪爲海，交互變換，似按一定之時序，故地球之內部，正如植動物身軀之有壯衰之分，特有機體之生死，乃爲身軀之全體，而地球所受之影響，則僅以局部爲限，此其相異之點耳。夫地面變遷所以不能爲我人察覺者，則因我人生命過短，而地球每次所生之變遷，則爲期極長故也。

羅馬詩人奧維得（Ovid）在所著變化（Metamorphoses）中，載有畢達哥拉斯（Pythagoras）關於自然系（system of nature）所作之見解。惟畢氏理論均係他人轉述，恐不必盡爲廬山眞面目，況所引證之事實，有爲距畢氏死後甚久所發生者，故我人祇可視之爲畢氏一派之思想而已。畢氏謂世界爲合四元素而成之無始無終之物體，空氣與火位於上，水與土位於下，此種物體祇有形式改變，而無死亡。生也變之始，死也變之末。惟不問如何改變，而物體之總和如故。茲將畢氏所舉地面變遷之實例，任引若干於次：

昔時陸地今爲海水淹沒，新陸地乃由深海露出海中介殼有見於內陸遠處者，鐵錨則見於某地之山頂。

昔時平原爲逝水刻成谷地，而高山卽因此被水沖洗入海。河流因地震而有生滅。

島嶼一旦可與大陸連結，而整塊陸地，亦能分離以成島嶼。

愛德納火山今日雖如硫爐噴發，然在昔日必有靜止之時，並非燃焚不息之邱。地球是否爲能生活且有許多孔竅噴火焰之動物；或爲挾有石塊及火焰以爆發，迨洞窟空虛冷卻始止之閉於地下的風；或爲遇火燃燒，迨火勢漸殺，則作黃硫煙之某種瀝青塊狀物，皆可不問。惟其內部之火，終因燃料用盡，而有熄滅之一日。

二　中古時代之地質學

中古時代宗教勢盛，道院風行，科學退步。惟阿拉伯人之繼續研究希臘羅馬哲學者倘有其人。在地質方面，則以飜譯亞理斯多德哲學之亞微瑟那（Avicenna）爲著名。亞氏謂山岳之成因，大概有二（一）陸地上升，如地震區域所發生者是也；（二）軟岩石因風雨之剝削，以成深谷，而堅岩石乃存而爲山岳，而多數之山岳，卽係如此成功。惟此種變遷，亦須經過長久之時期始可實現。今日山岳之形狀，大概爲縮小。水爲使山岳表面有變遷之主要原因，此我人可以留於許多岩石間之水棲動物及他種動物爲證明者。包被山岳表面之黃色土，與其下層岩石不同源，蓋前者爲腐爛有機殘質與水沖來之土質混合而成也。此等物質，大概本係存於舊時淹沒陸地之海中。

是時道院中人亦有注意於化石之起源者，但不敢遽謂陸地曾被海水所淹沒。蓋聖經中言至創造之第三日，遂海陸相分，至第五日始有生物也。總之，在此時代，地質學因思想方面，亟少自由，故鮮有進境。

三　十五十六世紀之地質學

十五世紀中葉印刷術發明，此時人類智識之發育，雖未必超越前代，但學問之研究，已較爲活動。當時學者所記載之事實，固仍難免眞僞不分，且亦有作可笑之假設者，惟其能附以整個而又明敏之解說者，尙不乏人。

意大利藝術家文西（Leonardo da Vinci, 1452—1519）認化石爲生於當地水中之生物遺蛻，此卽海陸變遷關係之明證。法拉斯加都羅（Frascatoro, 1483—1553）亦持同樣之見解，並駁斥介殼係聖經中所述之洪水時代所遺留之荒謬。

當時歐洲各處發見化石甚多，其形狀與現在生物大異，故區別極易。博物學者或謂爲此乃天生玩物，由一種成石液所成，或謂爲洪水時代生物之遺蛻；三百年來爭論未決之懸案，至此始稍有眉目矣。

阿格里柯拉（George Agricola 1494—1555）薩克遜人，本名包厄（George Bauer）爲十六紀世最有名之科學家，懷耐（Werner）稱之爲「冶金學之父」（father of metallurgy）阿氏對於結晶形，劈開，硬度，重量，顏色，光澤等所作之觀察，可爲後人描寫礦物之模範。阿氏在其偉著金屬礦（De re metallica）中，表明尋礦杖（divining rod）在尋礦石時之功用。

一五六五年瑞士人格斯訥（Konrad Gesner, 1516—1565）有關於化石之著作發表，此書爲對於化石作有記述及附有插圖之最初的著作。

一八五〇年法人巴里舍（Bernard Palissy）發表一文，主張介殼，魚類等之化石，爲舊時海中生物之遺蛻。

對於地層作有系統之觀察者，當以奧文（George Owen）爲嚆矢，奧氏於一五七〇年著有潘姆白落克邑（Pembrokeshire）之地史。但遲至一五九六年始發表。學者對於此文頗爲稱許，以其能知岩石之聚集並非雜亂無章，實爲井然有序，且又分布甚廣故也。奧文不僅在潘姆白落克邑南部探求石炭紀石灰岩及附近之含煤層，且東行遠及葛拉茅根邑（Glamorganshire）一帶。

四　十七世紀之地質學

斯退諾（Nicolaus Steno, 1638—1686）生於哥本哈根（Copenhagen）曾在來丁（Leyden）及巴黎習醫，後任帕雕亞（Padua）大學之解剖學教授，嗣因研究化石魚齒，乃攻地質學。一六六九年斯氏在佛羅棱薩（Florence）將其研究結果刊行，大意謂岩層自下而上，自有時代新舊意義；化石可證明舊時海水之分佈；地層傾斜係由於地下有物質向外噴發所致。關於年代之事實有六：（一）陸地完全沉沒於海，因此乃有地層之堆積，但不含化石；（二）陸地升出海面成爲乾平原；（三）地面斷裂爲山岳巉崖邱陵等；（四）陸地又沉沒於海，此大概係地球重力中心變動所致；（五）陸地又露出水面而成廣大之平原，此顯因大河及無數激流每日將自陸上所挾之泥沙墊入海中，使海岸日益加廣，以成新陸而成；（六）高起之平原因有流水侵蝕，及地下火力作用，乃變爲溝谷及懸巖。

立斯德（Martin Lister, 1638—1712）爲英國皇家學會會員，一六八四年在會中建議編製一種新地圖附以砂及黏土表，如英國北部所產者是也。立氏以爲各種地層之分佈，可以在地圖上表明之。立氏雖爲自然科學家，但以介殼學家著稱。

胡克（Robert Hooke, 1635—1703）爲英國皇家學會實驗部管理員，著有地震論（Discourses of Earthquakes）一文，於一六八八年提出，以後仍有此類文字發表。胡氏地震論包括有地震，火山，陸地升降，及其他地質事實。胡氏謂化石確爲有機體所成，在古物中，較泉幣尤爲名符其實。胡氏以爲我人利用化石以審定年代，雖頗困難，然絕非不可能之事。胡氏以雪杯（Sheppey）地方所得大龜一類之兩棲類化石爲根據，以斷定當時氣候之炎熱，又謂地軸迴轉之變動，乃爲氣候變化之原因。

白洛德(Robert Plot,1640—1690)爲牛津愛許摩林博物院（Ashmolean Museum）第一任院長所撰牛津邑之自然史（The Natural History of Oxfordshire）於一六七七年發表，書中有化石圖三百。雷特（Edward Lhuyd）爲白氏之後任，對於化石亦極有研究，一六九九年以拉丁寫成一文，對於院中所藏之千種化石記述頗爲詳盡。

英人吳特瓦特（John Woodward,1665—1776）爲格拉襄（Gresham）大學教授，一六九五年有地球自然歷史論（Essay toward a Natural History of the Earth）發表，至一七〇二年再版。我人試讀次之摘錄，可見吳氏研究之有系統。

「凡遇大洞穴，鑿井掘土，採礦諸事，余必將其由地面以迄井底之情形，詳細詢問，並將其土壤，岩石，金屬等一一記之，並編成問題，寄與遠近諸邦之友人。結果他處同樣事物之一切情形，有與吾人在本邦所見者相似。岩石之在各國，均可分爲層次。地層間有平行裂縫，及岩石內有無數介殼，及其他海中生物，此不獨在歐洲爲然，即在非洲亦然，在亞美等洲亦莫不然。」吾人能有地面構造各處一律之知識，實以此種觀察爲其基礎。吳氏謂海中生物遺蛻，乃原存於海中者也，今則地中及地面上（卽山岳谷地及平原間）均無不有之。然吳氏仍囿於聖經中所述洪水之舊見，故以爲地球曾爲洪水所分解。一七二七年吳氏設吳特瓦特化石研究講座於劍橋大學，其規定爲任該講座者須未成婚，庶可悉心研究。第一次任此講座者爲塞治尉克（Adam Sedgwick）時爲一七三一年也。

德國大數學家來布尼茲（Leibnitz，1646—1716）謂岩石可分水成與火成兩種，前者爲洪水作用所成，後者由溶液凝固而成。又謂地殼冷後，水氣凝爲海洋，及地殼分裂，水乃滲入地下空隙，起有破裂作用，終則使各種岩層爲沉澱物。

五　十八世紀之地質學

十八世紀初施特楷（John Strachey）對於英國索美塞得（Somerset）地方之含煤層，頗爲注意，其所作之觀察，由英國皇家學會於一七一九年及一七二五年發表。斯氏見紅土平疊於傾斜之煤層之上，而紅土之上，又有泥灰岩，石灰岩（屬Lias）鰤石（oölites）及白堊成層。

雷茫（Johann Gottlob Lehmann,—1767）德人，曾在柏林授礦物學及採礦學。一七五六年雷氏見有不含化石而最可稱原始之地層，及含有化石之次生地層之分布。雷氏又記述薩克遜地方之岩石，而定有某某名稱，今皆二疊系中之著名區分也。

阿提尼奴（Arduino, 1713—1795）意大利人，曾在威尼斯（Venice）任礦物學教授等職，一七五九年區別一種新第三紀地層，並認定一種綠色細質之岩石為火山岩所成。

十八世紀中葉，法人羅愛爾（Rouelle, 1703—1770）見巴黎盆地化石之分布頗為規則，乃分別地層有新舊二種，而位於二者間者，乃為煤層。

英國地形學家與古物學家對於化石之研究，素來頗有興趣，如李蘭（Leland）在一八三五年時，即注意於開山（Keyshan）之菊花石是。

一七二一年意大利人華里斯耐里（Antonio Vallisnieri）在佛羅納（Verona）附近之玻爾卡山（Monte Bolca）地方，採得魚化石甚多，並作有記述。後來阿伽西（Agassiz）所研究一百三十種之魚化石，亦得之於該處。

一七三五年瑞典博物學家林娜(Carl Linnæus, 1707—1778)之名著自然系統(Systema Naturae)發表。此書不獨將植動物區別詳細，且又按結晶之形狀而將礦物歸類。惟林氏之主要工作，則爲將各種生物作有系統的分類法，而以屬名種名稱述之，即所謂雙名制(binomial system)是也。近代古生物學之學名，乃依據此書第十版所用之雙名制而成。

倍封(Buffon, 1707—1788)爲法國科學界之先進，初專攻物理學與數學，後則漸將其研究擴及自然界全體。倍氏不但對於地質學之成立有貢獻，又爲使法國能位於科學先進國之列之中心人物。著有自然歷史(Natural History)一書，其緒論爲闡揚大地之理論，此書在一七四四年即告竣，但遲至一七四九年始發表。大意謂地球之歷史與太陽系有密切之關係；行星原爲太陽體之一部分，因爲彗星所衝動，乃以分離。倍氏因見岩石間化石介殼之衆多，乃深信陸地爲海水所淹沒甚久。倍氏對於海底如何升爲陸地，則猶無定見。三十年後，有自然期(Époques de la Nature)發表，書中分地球之歷史爲六期，并設法計算地球之年齡，結果雖不足信，但其努力則殊可欽仰也。

郭塔特（Jean E'tienne Guettard,1715—1786）少時喜研究自然科學，尤以對於植物學興趣最濃，後在巴黎研究醫學，後又隨奧爾良侯（Duke of Orleans）旅行各處，並爲奧侯管理所採集之自然科學標本。一七三四年被選爲巴黎科學院會員。郭氏在外旅行時，因見植物之分布，常與某種礦物及岩石之分布同，乃於地質學漸知注意。經長時之觀察，乃知岩石及礦物之分布，有一定方向與寬窄，故地面無露頭時，可按其方向與寬窄，以斷定其去向與有無。一七四六年著有礦物圖誌（Mémoir et Carte Mineralogique）。按礦物分布以繪圖，英人立斯德早經有此種建議；但郭氏則未之知也。郭氏因研究法國北部與中部之地質，乃發現此等地方之岩石礦物係成若干帶，而均以巴黎爲其中心。郭氏名居中之橢圓區域爲沙礫帶，圍繞其外者則爲泥灰石帶，偶有化石發現。圍繞泥灰石帶之外者爲片岩帶，凡採取地瀝青、硫礦、大理石、花崗岩等之礦坑均在焉。郭氏復據他人報告，將法國北部礦物之分布補記圖內。凡有礦物之地，用化學或其他符號記入之，再以墨色深淺，表明巴黎盆地之界限與位置。

法國岩礦圖完成後，郭氏因上列三帶被英國海峽與渡佛海峽（Strait of Dover）截斷，乃推斷同樣地層必出露於英國海岸，於是遂參考英人曲得來(Childrey)英國天產珍奇(Britannia Baconica)及彼特(Gerard Boate)愛爾蘭自然歷史(Ireland's Naturall Historie)諸書，果證明其假定之大致無誤。

郭氏礦物圖誌中有圖二幅，縮尺較小，凡歐洲西部之岩石及礦物，均莫不載入，復經長時期之努力，以完成法國礦物調查圖十六幅；後摩耐(Mounet)繼之，卒將礦物圖十六幅附以說明一大册，而於一七八〇年發表，書名郭塔特摩耐奉勑撰法蘭西礦物圖誌(Atlas et Description Mineralogiques de la France, enterepris par order du Roi par M. M. Guetlard et Mounet)。郭氏礦物圖上，作有特別符號記載化石；化石之散處者，與成整塊之岩石者，其記載亦有分別。一七六五年著有化石貝類之遭遇與今日海中生存貝類之經歷相比較(On the accidents that have been fallen on fossil shells compared with those which are found to happen to shells now living in the sea)對於化石之成因，猶不憚據理深論；蓋當時尙有人深信化石爲地球構造中原有之產物故也。

地形變遷之研究，今稱地文學，郭氏於此，亦貢獻頗多。著有現代山岳受大雨河流海水之影響而低減（On the degradation of mountains effected in our times by heavy rains, river and the sea）一文，郭氏以爲流水有沖刷陸地之作用，而海水之摧毁陸地，勢力尤爲猛烈。法國西北部之白堊岩，卽大部分已爲海水沖去之舊時山脈遺跡，又謂陸地因受波浪雨水山洪等之侵蝕而以消磨，但其除去之物質，並未毁滅，非在陸地卽在沿海爲沉澱。又謂各河流盆地之碎岩，有彼此絕不相同者，故碎岩有轉運至與其故地之岩石絕不相同之區域者。又謂流水將可溶物質運至離去陸地甚遠之地而入於海，仍能存留甚久，而使海水之鹽度增加。郭氏根據當時測量海深之結果，謂海底之所被覆，以砂土爲最多，至於此種沙土之來源則大概非爲河流所運之碎岩，而爲海水消磨海中之岩石所成；但郭氏又以爲海水運動之勢力雖浩大，其能力祇能及於露出海面之岩石；最大風暴之影響，祇及海面入水不甚深之部分。至於海底沙土中所存之貝殼則爲近代之遺物，蓋遠古時所存者早已絕跡矣。

郭氏又爲鑒定法國中部火山之第一人。一七五二年郭氏著有「法國一部分山脈曾爲火山」

（Memoir on certain mountains in France which have once been volcanoes）一文，十八年後又著有『古今之玄武岩』（On the basalt of the ancients and moderns）一文，關於玄武岩之成因，學者多以為係火山噴發而成，但郭氏則以為玄武岩之柱狀構造有為現代火山中未曾見者，故謂為係一種水成岩，此則未免錯誤耳。

法國中部古火山為郭氏發見後，而玄武岩成因之論戰，即隨之而更盛，但後來解決此辯論之證據，亦在該處得之，此我人觀於以下所述，即可見之者。

特馬來斯（Nicholars Desmarest, 1725—1815）為法國素萊（Soulaines）人，少時家貧，年已十五歲，尚未入校讀書，父故後，監護人因教區牧師之慫恿，乃令其入校，但不久款即無出，教師見其進步極速，乃使其為免費生，畢業後又將其送往巴黎求深造。特氏作苦學生十年，其唯一之消遣及安慰，乃為研究學問。一七五二年特氏獲亞眠（Amiens）學會關於英法在古時是否相連一題之獎金，此後遂聲譽日隆，至一七五七年法政府乃任特氏為工業總管，至一七六三年特氏遊法國中部之奧汾湼（Auvergne）並往來於伏爾維克(Volvic)與多耳山(Mount Dore)間，時去郭氏火山論文之發表僅十一年也。特氏對於玄武岩之柱狀構造，頗注意，故親往愛爾蘭北部之巨人棧道（Giants Causway）參觀，藉資研究，而此項岩石即為該地之風景之所在也。

阿格里柯拉曾言及德國各處有此種暗色柱狀岩石，而薩克遜之玄武岩則隆起成丘，後學者發現此項岩石在德國分布甚廣，除薩克遜外，西來西亞（Silesia）加塞爾（Cassel）及萊因河（Rhine）流域等處，亦皆有之，但多零散覆於山巔，而無火山噴發之證明也。加之德國之玄武岩，又較奧汾湼火山岩為古，其流錐形噴口火山灰等，均早已消滅無存。即愛爾蘭巨人棧道之玄武岩，雖將其特質的構造，作大規模的表現，但其成因為何，則無人研究及此。蘇格蘭西島（Western Islands）之玄武岩較愛爾蘭沿海者尤為雄偉，但當時學者尚未知之，及至一七六一年始有人向皇家學會報告該地之有此物。當時世人對於玄武岩之成因，多以臆說出之，故遂有許多不科學的說明。或謂玄武岩之柱體為舊時有節之竹變成，或謂其狀如結晶體之柱面，故礦物學家即視之為一種黑色電氣石。郭塔特則示我人以玄武岩與熔岩之不同。

一七六三年特馬來斯遊歷奧汾湼，由克萊孟（Clermont）至壁衣特杜姆（Puy de Doue）

勞登柏呂台爾（Prudelle）高原，見有柱狀玄武岩由上層所覆熔岩層沿邊而下，而熔岩壁前，則有同樣之柱體矗立，始知此等柱體乃植於火山灰及燃燒土之上，其下則爲成該區基礎岩石之古花崗岩。特氏謂不佞自璧衣特杜姆歸來時，循黑色岩石薄層而行，乃察見此種岩石具有熔岩之特質，不但性質薄弱，且其下之火山灰，則由舊時顯爲火山之小山基部以覆於花崗岩之上，遂知眞正熔岩流曾由附近火山噴發來此。因有此種觀念，不佞遂追尋熔岩之範圍，乃於同層中又發見柱體之面與角，而在頂部則柱柱分明，因此不佞遂深信柱狀玄武岩乃屬於火山岩，其形狀之有一定而無變異，則爲古時熔化時期之結果。不佞於是希望更有所見，以知此種現象之眞正性質，及其與在安特利姆（Antrim）所見者之符合——卽尙有他方面可以相類之符合。特氏又謂不佞因屢次所見相同，故以爲與汾湼之柱體乃與安特利姆同一成因，益無疑義。柱體形狀有一定，乃因兩地之成因亦相同。當不佞鑒定造成與汾湼柱體之原料乃與造成巨人棧道者相同時，對於此種見解，尤爲深信不疑，故特氏藉比論之助，見愛爾蘭沿岸柱狀削壁，卽知其地在古時之爲火山，乃與與汾湼無異，並推定凡有此類多邊柱體之地，則爲該地古時有火山之明證。因此理論地質學與實用地質學又進一步。特氏不但將郭塔特所發現法國中部古時曾有活動火山證實，且又獲得材料以爲歐洲許多地方某某怪石之成因之說明。觀此可知古時全球火山之活動本極普遍，而今則沒沒無聞也。特氏之觀察，延至一七六五年，始在巴黎科學院宣讀，但猶不願以之刊行，翌年重訪意大利諸火山後，又遊奧汾湼。一七六九年又往法國中部火山區旅行，並展至甘太爾（Cantal）地方觀察。至一七七四年巴黎科學院乃將其名著在專報中發表，此項專報計分三部；一二兩部先出，第三部則於三載後始出。

第一部述其本人在奧汾湼及他處對於玄武岩性質之觀察。惟其末段中謂花崗岩受燃燒溶化，能變爲玄武岩及其他火成岩，則見解頗有錯誤，而當時化學之不足以區別岩石及礦物成分之異同亦可知矣。第二部爲玄武岩之學說史，凡在特氏前學者對於玄武岩之學說均載有之。郭氏謂各種熔岩流情形之殊異，當係受蝕侵所致；分散零落之玄武岩層，舊時必連續成層，而不分離也。火山區域山谷之愈深者，則被侵蝕之熔岩流亦愈古。

第三部於一七七七年出版，對於古代之玄武岩及各種岩石之自然歷史，均有討論，並按時期之新舊位置之上下，而分玄武岩爲三期。總之，使火山學與地文學有極大之進步，乃爲特氏之功也。

一七五〇年，歐洲西部地震頗多，英國皇家學會搜集各家之觀察，印爲論文。司徒克來（William Stukeley）著有地震哲學（The Philosophy of Earthquakes, Natural and Religious）一書，以爲電力乃地震之原因。

密昔爾（Rev. John Michell, 1724—1793）本爲牧師，後任劍橋大學之地質學教授。其所著關於地震之文字，對於地層之變動及斷裂，頗有相當之貢獻。

與德人雷茫同時，而於地質學之研究據有更高之位置者，則爲德人非康賽爾（G. C. Füchsel）。非氏幼時在耶那（Jena）及來布齊（Leipzig）大學肄業，後在路佗爾斯塔特（Rudolstadt）行醫，喜留心岩石礦物等學，會因發見歐福特（Erfurt）附近謬爾坡（Mühlberg）地方之煤層而獲得獎金。一七六二年，非氏年四十有海陸史（Historia terræ et maris ex historia Thuringiae per montium descriptionem erecta）一文發表。此文根據於士林其亞山脈（Mountains of Thuringia）之觀察，用拉丁文寫成，爲當時記述地球歷史及實際構造之名著，內附地圖一及剖面圖若干。逾十二年，又以德文著成遠古地球與人類史綱（Entwurf zur alten Erd und Menschengeschichte）一書。非氏生長土林其亞，所有見解，皆基於當地之觀察。該處有二疊紀與三疊紀之地層，因變動而有傾斜，已非原有狀態，其下則有變動更劇之更古地層，兩者成爲不整合之關係。非氏因此作有概括之結論云，現在大部分陸地係由舊時海中沉澱而成之地層所組成，如砂石，泥灰岩石灰岩等是，其下較古而又傾斜之岩石，則爲由海相岩石所造成之更古的大陸之遺跡，而其顛倒傾覆，則係地震有以致之。非氏不但說明各地層之成因，且又推斷成分相同之連續岩層可合爲一系，以爲大地歷史某時期之記錄。故非氏此種學說，實較在壞納（Werner）所創之系統中佔有重要地位之學說爲先也。非氏對於化石，亦有相當之觀察；如煤層可以陸相化石區別之；二疊紀之地層中則有石墨，三疊紀之地層中則有菊花石化石。惜非氏之著作，乃以拉丁寫成，而本人足跡所及，又以其故土爲限，故其學說遂湮沒不彰，死後五十七年，始由開弗斯丹恩（C. Keferstein）代爲表揚之。

索緒耳（H. B. de Saussure, 1740—1799）生於瑞士之日內瓦（Geneva），幼時好遊

覽，喜採集植物礦物，足跡遍阿爾卑斯（Alps）之山麓，著有阿爾卑斯山旅行錄（Vayages dans les Alps）一七七九年印行。惟索氏對於山脈構造，以及岩石成因，猶多囿於舊聞，無甚新見，且未能如雷茫等之製地質圖及剖面圖，故其見解亦未能作明白之表示。索氏因欲研究花崗岩是否能溶解而為玄武岩，故作熔燒岩石之實驗，據稱所熔化瑞士花崗岩及各種斑岩等，從未能得玄武岩也。索氏之著作在第一次出版時（一七七九年），即名地質學（Geology），故實為應用「地質學」一名稱者之第一人。

拉克（Jean Andie de Luc, 1727—1817）為旅行家，善觀察自然界之變遷。其著作於一七七八年刊印時，即擬用地質學一名，嗣因以前未曾有人用過，乃改用宇宙學（Cosmology）舊名。但至翌年再版時，乃改用「地質學」一名。

第二章　樹立地質科學之基礎者

地質學在十八世紀最後之二十五年中，始成為一種科學。休厄爾（Whewell）稱以前為地質學之稗史時代（the fabulous period），因以前所謂地質學，多為記載事實，而其觀察與解釋，又恆與淺陋荒謬之假定相混淆故也。

自一七九〇年至一八二〇年之時期，即感忒爾（Zittel）所稱之「地質學之偉大時代」（the heroic age of geology）是也。地質學在此際因懷納（Werner）郝登（Hutton）及斯密史（W. Smith）諸氏之貢獻，乃成眞正之科學，又因有拉馬克（Lamarck）屈費兒（Cuvier）諸氏之努力，而此科學之基礎，乃更為永固。

懷納（A. G. Werner, 1750—1817）為薩克遜人，生於上路塞俠（Upper Lusatia）奎斯（Queiss）河畔之望洛（Wehlau）地方，其先人在該處從事鐵業者已有三百年之久，父為鑄造廠監查，懷氏幼時即受父教，而幾認識一切礦物，年十歲，肄業於西來西亞（Silesia）之彭斯洛

（Bunzlau），至十五歲時，遂爲其父之助理後又充望洛冶鍊廠之主計員至一七六九年，乃肄業於弗賴坡（Freiberg）之礦務學校，嗣又肄業於來布齊（Leipzig）。一七七五年充弗賴坡教授，任職凡四十年之久。平生著作不多，但長於辭令，專恃演講傳其心得，故四方之士皆歸之。懷氏能將所有礦物，依其外表同異，詳細分類，以作審定，然後研究其分布及產生各該礦物之岩石。是時地質學一名尚未通用，懷氏名此學爲『地球構造學』（geognosy）。

懷納又將地殼排成「層系」，各附記述，意謂此種層系之次序性質，全球如一，散布各處。懷氏門徒即應用此種層次，以解釋地層之分布。雖彼等多以不務空論，祇重實際自誇，然我人詳究懷氏之方法與應用，乃知其無根據之假設，亦頗不少，應舉之證據，每付缺如，且立辭又多涉武斷，毋怪其爲後人所譏笑也。懷納最初所著關於地殼構造及岩石層次之論文，祇有二十八頁，於一七八七年出版，內容純記事實而無理論，但極精確而有秩序。後因經驗豐富，系統亦有擴充及改動，但其基本觀念，則無變動。惟此等改動，祇見於其門人之筆記中，而在本人之著作中，則未載入。懷氏所謂全球如一之地層系統，乃以薩克遜一偶所見爲根據。懷納沿用舊時見解，假定地球在舊時全爲海洋所包，其深度至少可與山岳之高度同構成今日許多陸地之岩石，卽爲海中化學沉澱物聚集而成。故其層序，全球一例。懷氏又謂此種岩石乃由化學作用所造成名「原始層」，包括有花崗岩片麻岩雲母片岩，蛇紋岩玄武岩斑岩等最後爲正長岩；繼續其上者名「過度層」，包括有化學沉澱物，如粗砂岩及石灰岩等，及初期之碎屑此層卽表明海面之日漸低落；更新者名『成岩層』除化學沉澱物之外，以碎屑爲主，包括有砂岩石灰岩石膏岩鹽，煤層，玄武岩里曜岩斑岩等，最後者則爲「冲積層」包括有壚坶土，黏土，砂礫，火山灰，泥炭等。惟是時化學已有進步，海水中是否可由化學作用以沉澱如許之物質，懷納反極不以爲意，是則殊爲可異耳。

懷納明知各岩層之化石形狀不同，位置上下有一定，故可就化石種類以鑑定層位，但又謂化石亦可在海水中由化學作用沉澱而成。懷氏主張火山係地下煤層燃燒而成，玄武岩並非火山所成，但爲與原始層無異之水成岩，故懷納一派之學者，又稱水成學者（Neptunists）。當時反對玄武岩爲水成岩之論戰頗烈，懷納初有聲辯，旋卽置諸不問。

總之，懷納性情固然剛愎，但對於礦物學及地層學則貢獻頗多，且又能熱心研究，循循善誘，故確為地質學之功臣也。

當地質學問題論戰正盛，及懷納之門徒在各處闡揚水成學說之際，郝登（Janes Hutton，1726—1797）則在蘇格蘭取沉靜態度，銳意研究以建立近代地質學之基本原理。郝氏生於愛丁堡，幼習化學與藥物學，後在諾福克（Norfolk）務農時，乃涉獵於礦物學及地質學。至一七六八年遂棄其鄉村生活而移居愛丁堡。與郝氏為友者有化學家勃萊克(Joseph Black)，海軍家克萊克(John Clerk of Eldon) 哲學家兼史學家福開森（Adam Ferguson），數學家柏勒弗亞（John Playfair,1748—1819）等。處此種科學空氣濃厚之環境中，郝登研究益力，並與諸友互相切磋，因而學業愈進。除於平時所注意之愛丁堡四周地質現象外，又考察蘇格蘭其他地方及英格蘭威爾斯等處，繼又研究地球歷史者約三十年。惟郝登既不如布虛（von Buch）之擅長文字，又不若懷納之有徒衆為之宣傳，而卒能位於近世大地質學者之林者，祇恃一篇論文及兩位知友，與若干門徒之為其表揚而已。

一七八五年郝登將所著地球論（Theory of Earth）一文，在愛丁堡皇家學會中宣讀，會文有九十六頁，最初頗無人注意，五年後拉克（de Luc）乃著論攻擊，郝登置之不理。一七九三年礦物家兼化學家溪温（Richard Kirwan），復加攻擊，郝登始將所觀察之事實，加以整理，作有結論，而於一七九五年在皇家學會中發表。惟郝登對於著作素非所長，故其內容之佈置與敘述，均不足引起讀者興味。幸有知友柏勒弗亞與之相處甚久，熟曉其所持之地質學見解，故在郝登死後之第五年（一八〇二年），乃著有郝氏地球論之說明（Illustrations of the Huttonian Theory of the Earth）一書。全書敘述之簡明，文章之美妙，均為後之讀者所稱許。

郝登以徵求事實為前提，使事實現象自述其原因，此為郝登與以前玄學家最不同之點。郝登謂地球過去之歷史，須由現在或近今所經之事實解釋之。當郝氏在諾福克務農時，已知地面不能永遠有現在之狀態。土壤下層之舊狀，乃與近今迥殊；岩石有成層狀者，有由礫岩組成者，又有由砂岩，或頁岩或灰岩組成者，惟其性質雖云異殊，但為舊時岩石碎屑之所組成則一。郝氏謂此等岩層，乃與今日海中所作之堆積相當。礫石不過固結之石卵，砂岩即硬性之砂子，石灰岩即大部分由海中石灰質有機體積聚而成，頁岩不過泥土之固結者而已。郝氏之結論為大部分之陸地係合古時大陸受侵蝕所成之石屑在海底分布固結而成；故因此而成立之岩石，其時代決非同一者也。郝登又謂原始岩層，未必卽爲原有或最初成立之岩層，不過爲我人所見之最古者耳。懷納所謂化學沉澱而成之片岩板岩，在郝登視之，不過爲從前在海中積成之岩石，因經過變化，乃愈堅硬。次生岩層積於其上者，其原料之一部分，亦由原始層而來，但所有沉澱物，均由此時軟弱之狀態而變爲堅固之岩石，至於此種變成堅固之主因，則爲地下之熱力。

次爲地層變換位置之問題。郝登對於在海中沉澱而成之岩石，如何能發現於高出海面一萬五千呎之山頂一問題所持之見解，乃與懷納迥異。郝登見多數水成層失去其原有平疊之位置，而變爲傾斜，甚或摺曲斷裂，以爲如此之變換，必爲發生有大震動所致。柏立克邑（Berwickshire）沿海之原始層，均已變爲直立，上覆以次生岩層，其中有原始層之石塊，可知兩者之間所經時期必甚久。據郝登推想，此種大震動，必由某種力在地下向上活動與物質之引力及抵力相遇而發生側面及斜面之擁擠，地層遂變爲傾斜。此種力之活動或由於熱之影響。火山不過爲地下熔爐之噴孔，而阻止陸地之上昇及地震之危害者，並非因地下有燃燒之物質所致也。

郝登在蘇格蘭各地旅行時，見有許多不成層狀岩石，或生於原始岩，或產於次生岩，因思地球內部既有熔熱之部分，則其與冷卻之外殼，必有相當影響，於是乃謂此種非層狀之岩石，必曾經熔化，在大震動發生時，乘機由下向上侵入而來者。郝氏分侵入岩為三種：卽黑石（whin stone）斑岩及花崗岩是。黑石之構造及成分與近代熔岩相似，被其侵入之岩層，往往因之堅硬，其碎塊或被黑石圍裹，或竟被熔化；煤層遇之，則變焦炭。黑石侵入之勢力猛者，岩層卽因之位置移動或褶曲傾斜。

花崗岩與黑石不同之點頗多，尤以關於位置者為最。當時水成學者均以花崗岩處於各種岩層之下，故時代最古。但郝登謂位於花崗岩上之岩層，其時代較花崗岩為古。蓋花崗岩曾為熔質侵入於今日發見與其在一處之岩石中。郝氏之主要證據，卽為花崗岩之細枝有散布於四周之岩石中者。我人試觀當時學者對於本問題之一般見解，始覺郝登之學說，殊可啓發地質學之哲理。最初學者多視花崗岩為水成岩，懷納更進而確定其為海洋中最初沉澱之物質，索緒耳對於花崗岩與其四周岩石之關係，乃較懷納及同時其他地質學者所知為多，故始終信花崗岩為水成岩。在郝登以前，從未有人敢謂地中有熔質之侵入。故凡應用郝登之說者，當時稱為火成學者（Plutonists）。

後來來伊爾（Charles Lyell, 1797—1875）所立變質之理在郝登時可謂已稍具雛形。郝登謂花崗岩爲火成岩後，又更進一步謂阿爾卑斯片岩（Alpine schistous 包括砂岩頁岩等水成岩）乃因有花崗岩之侵入而變質。

郝登之觀察事物，並不限於過去且包括現在與將來。自高山之巔以及低海之濱，作有地面變遷之精密觀察，乃知無論何種岩石在任何氣候之下，其分崩離析之運命盡在地面作有記載。海昇爲陸，與陸地之被侵蝕，幾同時並進，無所先後。毀壞作用，包括化學的與機械的兩種。陸地之被侵蝕，全體皆然，而有流水所經之區域，則其損害之程度尤大。以其侵蝕作用，無時或息故也。讀柏勒弗亞所作之概論，可知郝氏觀察之微細矣。

柏氏云：『每一河流包含一主幹與無數分支，河谷之大小與河身成比例，合而爲水系，內部互相溝通，支流入幹河之處，兩谷相接，既不失之過高，又不失之過低，是爲河流山谷特殊性質也。無一河流祇有主幹而無支流者，且山谷平直者，必由急流暴水倏然製成，若普通河流，則由主幹分歧爲源流相距頗遠之支，支又分爲細支。所有河谷均由河流所作之侵蝕而成，由侵蝕洗刷大陸而來，並由同一之作用以使地面滿刻紋形」。由是可知近代地面侵蝕之原理，郝登早已言之矣。惜當時信者極少；卽霍爾（Sir James Hall）來伊爾諸人亦未之盡信。至一八六二年，朱喀(Jukes)乃證明愛爾蘭南部之山谷水系，確係河流之工作所成。後拉姆則(Ramsay)又更爲之闡明。美國諸地質學家又證明西美之地質現象，亦大都爲侵蝕作用之產物。

冰川在山間轉運石屑之偉大能力，亦爲郝登一派之學者所發見。柏勒弗亞云「移轉多量岩石之最大動力，當推冰川無疑。阿爾卑斯山及其他大山最高之山谷中有冰湖或冰河。當山谷未刻成現今之形狀以前，山岳之高度，當視今日爲甚。大塊岩石可以移運至極遠之處；卽被裂碎爲泥沙而運至海濱，或海底，亦未始不可。」由此更可知古昔有大規模之冰川之存在也。此種觀念早經發現。然在柏勒弗亞以後五十年中之學者，對於當中歐沉沒海中時，冰河冰山移石之說，猶多疑惑，誠可笑也。

郝登乃抱定以竭力反對採用觀察中所無之任何原則爲主義者。郝氏以爲我人對於自然界，不能以非大地所有之勢力解釋之。我人對於自然界除其已知之原則外，不能承認其有作用。我人說明自然界之普通現象時，不能牽入特別事實。我人不能用自然界之勢力，以摧毀此勢力所具之目的；我人不能使自然界違反我人所觀察之故常，及紊亂造物系統中所習見之鵠的。我人利用水火諸力產生之事物，須與植動物繁殖之理相合。我人在實用上所見之某某事物，雖似無秩序，但我人不能使自然界之秩序起有紛擾及混亂。我人在經驗中覺其理由爲不充分者，則不可假借。此乃先進地質學者所用之科學方法也。

郝登所交之友，多爲學者，其中除柏勒弗亞外，以霍爾對於地質學之貢獻爲最大。霍爾喜以實驗工作，解決地質學上之問題。故有「實驗地質學之父」之稱。霍氏初不信郝登之說，後因彼此往還三年，乃得熟聆郝氏之言論，親覩郝氏之證據，於是霍氏不但大爲折服，且勸郝氏利用實驗以作證明之助。但郝氏以自然界之作用，規模宏大，恐非小小實驗室所能勝任，故未實行。

霍爾某次在玻璃廠中，見普通綠色玻璃，逐漸冷卻，則變爲白色不透明之結晶，而與其原狀大異；使之再熔化，驟然冷卻，則又復現玻璃光澤。於是乃憶及郝登所謂花崗岩爲火成岩之說。郝登以爲高温度不能使岩石變爲玻璃，花崗岩與黑石均係結晶岩石，是以不能再熔化，但不知熔化結果，可由冷卻速度變換之也。

郝登逝世後，霍爾復作實驗之工作，以其在愛丁堡石炭紀層之侵入岩牆中所取得之粗粒綠岩玄武岩等標本在鑄造廠反熱爐內熔化之，乃變為玻璃質，於是遂取其一部分再熔化之，並使之逐漸冷卻，則所得結果頗類黑石，而現結晶狀，霍氏名之曰晶子（crystallite）。一七八五年霍氏遊歷意大利諸火山區見其熔岩頗與本國之黑石相類。霍氏在蘇麻山（Somma）見直立熔岩向火山口上昇，而成寬兩呎至十二呎之帶狀，知其為熔岩在裂縫中由下上昇填充而成；又見其與圍岩接觸處，則成玻璃狀，而中部則呈岩石狀，以為此二者之不同，可以實驗結果解釋之；因熔岩從寒冷之裂縫上昇，四周驟然冷卻，故凝為玻璃質；中部冷卻速度較緩，故遂成結晶狀。霍氏即以此種火山岩牆之解說，應用於蘇格蘭之岩牆。當霍氏實驗蘇格蘭黑石時，又以所獲意大利之標本熔化之，而結果相同。霍氏因此乃證明近今熔岩與蘇格蘭古代玄武崗岩相同。霍氏又請化學專家肯笛博士（Dr. Rebert Kennedy）將二者作化驗，彼此之成分亦同。於是郝登之學說，乃獲實驗的證明。

霍氏將炭酸鈣置於堅固之管內，而在高溫中燒之，則炭酸鹽熔化而炭酸氣不外逸，而由白堊所得之物質，則頗與大理石相類。將此種結果應用於郝登之學說，霍氏以爲此同一之效果，在火山之底部時，當更爲偉大。地下熔岩必能熔化石灰岩；熔岩與介殼層接觸，則非將炭酸氣驅去，即使之成爲石灰岩。因此郝登之學說乃愈鞏固。霍氏又取黏土施以壓力，則變捲曲，乃證明平疊之地層可以變成褶曲，如英國柏立克邑地方之志留紀地層是也。

惟此時愛丁堡反對郝登之勢力，尙存而未去。懷納門徒中有席姆生（Robert Jameson, 1774—1854）者，曾遊德兩年；一八〇四年在蘇格蘭大學擔任自然歷史；至一八〇八年乃在愛丁堡創立懷納自然歷史會（Wernerian Natural History Society）而以懷納本人爲名譽會長。該會最初目的，即爲闡揚弗賴玻之學說。當時玄武岩之成因，似已由火成派作有解決；但自懷納之學說傳入，此問題之爭辯又復活。李御特生（Richardson）溪温拉克諸人亦均爲反對郝登之學說者。惟郝登派之興盛，懷納派之衰滅，則可於席姆生之懷納學會所刋之專報中見之。該專報自一八一一年至一八三九年間，共出八卷，最初凡非懷納所讚成之意見，槪不列入；後懷納之信徒漸知師說之不可靠，故多改隸郝登門下。日久，該專報幾將懷納之色彩完全失去，而反登載郝登派之著作。

於是歐洲水成與火成學派之爭執漸息。所謂唯知以理論是務之時代，遂於焉告終。今後地球歷史之研究，以探求證據爲先。地質作用及其對於地殼之影響之原理，此時已大致備具，惟古生物方面之研究，則尙欠完全。

拉馬克（Lamarck, 1744—1829）爲法國故家子，幼時從軍，因戰敗受創，乃脫離軍界，專心研究醫學，植物學，物理學，化學等。年三十二，成大氣中之水氣(on the vapours of the atmosphere)一文，頗得科學院中學者之稱許。一七七八年又著法國植物（Flore française）三卷，用自創之分類，以敍述野生植物甚詳。此書因倍封之贊助，乃得政府代爲印行，拉馬克因此遂成當時大生物學家之一，並被選爲科學院會員。一七九三年任科學院動物學教授；其時年已五十矣。拉馬克向來對於動物學不甚注意，今竟接受此職。拉馬克對於巴黎盆地第三紀之介殼類化石與近代介殼所作之比較的研究，在古物學上貢獻頗多，故遂成爲無椎脊動物學者之先進，而與有椎脊動物學者屈費兒齊名。拉馬克所著動物哲學（Philosophia zoologique）及無脊動物（Animaux sans Vertibres）二書，均爲生物學中之名著。

拉馬克對於地質學無甚著作發表。一八〇二年刊行有一小册子一種名水力地質學（Hydrogeologie）大意爲溼乾冷熱交替之勢力至大莫之能抗。礦物因此等大氣情形而分離，故流水可肆其侵蝕作用；結果平原刻成峽壑，並擴爲山谷陸地削成山脊，年久則爲高峯。此說頗與索緒耳特馬來斯郝登諸氏之主張相類，但不無言之過甚。蓋拉馬克幾不知地殼可因任何廣布原因，不時捲褶升爲山岳故也。化石一名，原義乃指自地下掘出之一切礦物。至拉馬克則限之於有機體之遺蛻。拉氏曾勸告研究化石介殼之自然學者須將所得之化石與近代生存者相比較，並須注意含有此等化石之地層。又謂化石有淺海深海之分別。含有淺海介殼之地層，即爲其以前之海岸線。凡被海侵淹之陸地，必有兩帶淺海化石層，及一帶深海化石層。又謂地面及地殼中大部分之石灰質物，乃由舊時有機體之遺蛻而成。

屈費兒（Dagobert Georges Cuvier,1769—1832）幼居腦曼地（Normandy）習見海濱生物，因讀倍封之著作，遂喜研究昆蟲與植物。後移居巴黎，一七九五年任比較解剖學校教授，乃常注意化石與近代生物之比較，又廣集近代椎脊動物之骨骼，以爲比較及鑑定化石之基本。次年著有關於象類化石之論文。越二年，因獲有現今所無之椎脊動物化石，乃斷定昔時椎脊動物，有因地面變化，而遭滅絕者。至於何以發生此種變化，使其種絕種，且又繼以他種，此則為屈費兒所欲了解者也。於是乃作地質學之研究。屈氏以為我人欲具有化石骨骼知識，除在室內作研究外，在野外探求此等化石之埋藏及其保存情形，亦為必要。然屈氏對於岩石之地層構造，及岩石之關係，所知殊至有限，故進行匪易。幸其助理白隆尼阿德（Alexandre Brongniant, 1770—1847）於此等學問，造詣甚深，故可資臂助。白氏曾為瓷罌中之監工，因平素喜研究礦物岩石等學，而對於動物學，亦極有興趣，故可與屈費兒合力研究色茵（Seine）盆地之地質，及其地層之層序，與所含化石之種類。二氏研究之結果，於一八〇八年發表。後二氏又繼續研究，以成巴黎附近礦物誌（Essai sur la Geographie mineralogus des Environs de Paris 1811）一書。

拉馬克崇尚演進（evolution）而屈氏則以宇宙間之變遷歸之於激變（cataclysm），此為二家學說不同之主點也。

法國學者因境內有第三紀層之發育，與其所含化石之豐富，乃知注意其地層中化石之價值，與地層學之重要。同時英國學者對於本國第二期之地層，亦有相當成績。此項地層在英國綿延之寬廣，與有次序的淸晰，視法國祇有過之。但兩國學者之於地層學，均先注意岩石性質，而後乃着重化石之價值也。

十八世紀初，施特楷（Strachey）已於含煤層之白堊紀地層作有紀述。一七六〇年密昔爾（Michell）研究第二期層序，將其一般之性質，及分布之廣遠，描寫頗爲詳盡。密氏謂地層在平地上往往平坦，而近山岳處則變傾斜。又謂山岳多爲較低或較古之岩石所成，而平地則常爲位於上層之平疊地層所成。又謂地層之屬於同一次序者，往往同經不列巓以至於海。密氏對於自約克邑（Yorkshire）之含煤層以上迄白堊之大致情形，知之甚詳。密氏謂試以各種或各色之紙，粘疊之，而使其中部褶曲成脊，設將此等隆起處剷成平面，再使中部稍隆起，卽能表示世界許多大山區域及其附近地方之概況矣。我人如有此種地球構造，當可得同樣之土石礦物，露於地面，以成帶狀，而與大山脊平行。密昔爾對於地質學之見解，於此可見一斑矣。

英國之地層層序，前人雖有研究之者，然其努力僅以一部分地方爲限，而使其大功告成者，則爲斯密史（William Smith, 1769—1839）之功也。斯氏有『英國地質學之父』之稱。自威爾斯塞武紀與志留紀之吉臘系（Killas series），上迄倫敦盆地之第三紀層，其岩層之次序，均經斯氏作精密之釐定，而其第二期層或侏羅紀岩石之細分，亦經斯氏作有決定，並排定其層序，而此種層序，不僅可適用於英格蘭，且又可施諸全歐各處。斯氏雖遭遇阻礙甚多，但絕不以爲意，其最初所成之觀念，始終抱守不變，而此等觀念，在斯氏生前，學者即以一致認爲乃研究大地各處地層構造之指導的原則。

斯氏爲農人之子，八歲喪父，不久母又改嫁，幼時在村塾讀書，大都出於叔父之資助。校中課程無幾，故斯氏僅於幾何學及測量學稍知一二，惟此時斯氏頗喜收集石塊，尤以對於其附近地方侏羅紀岩石中之化石爲然。斯氏之教育全藉自修，故年十五，即充測量助理員，不久即充測量員。惟當時測量員之許多職務，在今日有實應屬土木工程師之範圍者，故斯氏在學問上之成就，已可見一斑矣。斯氏從事此項職業時，因見土壤種類之繁雜，及其與下面地層之關係，乃大爲注意，而時時欲求其故。

闢斯氏測量所至之地較廣遠，乃獲見較古之地層，而索美塞得（Somerset）之含煤層及其斷層，尤引起斯氏之注意。年二十四改充運河工程師，擔任使運河若干段成平齊之工作，斯氏以前胸中遲疑不決之問題，至此乃獲有確證之機會，卽以前熟見各地層雖似極平，實則向東稍斜，而向西則遽止，斯氏乃知此種現象意義之深，及應用之廣，實較其本人以前所推測者為甚。

斯氏任運河工程師六年，雖平時公務極其繁劇，但其地質學地層學等知識在此六年中反增加甚富，而為其一生學業之最重要時代，斯氏幼時雖好採集化石，但未能將化石與含有此等化石之岩石層次作有一定之聯絡。至此時乃藉挖掘運河地層之機會，特對於每一地層中所含有機體遺蛻加以注意，結果乃知所研究之各地層，實每一地層有其特有之化石，在鑒定時有不能決定者，則以與此相類地層中所含者識別之。

斯氏不但可以化石指定地層，且其所具關於地層之詳細知識，對於許多事業，如農業、礦業、築路、排水、開運河、供給水，及與日常生活有關之許多其他工程，均裨益甚大，而測量員及工程承辦家有與斯氏接觸者，無不以其言為可取法。斯氏於一七九九年脫離運河公司，而為獨立工程師。因曾任排水灌溉之工程，故有時一年中足跡所及，約可一萬哩。故英格蘭各處，斯氏幾遊覽殆遍。

斯氏平素觀察所及，多作有筆記，及地層情形與其剖面之圖說。惟斯氏所搜集之材料，雖如是其豐富，但本人對於著作，則非所長，故欲將其要旨編列成書，則殊頗困難，且又因自信力薄弱，不敢輕信所獲爲是，故遂無文字與世人相見。至一七九九年因獲交李卻特生（Richardson）乃將本人對於地質學所獲，爲李氏述之，又出其所錄之地質表格，以質諸當代地質學者。當時斯氏之表格，雖未正式發表，但已流傳甚廣。後李卻特生乃慫恿斯氏將所作之觀察成書，並附地質圖一及剖面圖若干出版。斯氏雖爲所動，但因他種原因未獲實行。一八〇五年斯氏在倫敦陳列其所採集之標本及所繪之地質圖，內有索美塞得邑地質圖一幀，即表明英國各區均可仿此以製成地質圖者也。斯氏曾向農部陳述願從事於此，但斯氏此種意見，後來亦未有發展。三十年後倍希（De la Beche）乃將其建議重行提出，而現今之英國地質調查所遂呱呱墜地。一八一五年斯氏英國地質圖由某出版業者爲之印行。斯氏此種工作不僅爲地質圖之成功，且使地層學啟一新紀元，蓋地質學中今日最習見之術語，即因此圖而通行也。再斯氏之最有價值，而又可稱爲有創造之努力者，則爲係羅紀之研究，其成績與屈費兒，白隆尼阿德之於法國，有同等之昭著。

第三章　十九世紀之地質學史

在過去百年中，學者致力於礦物學之研究者頗不乏人。羅美(Rome de l'Isle,1736—1790)於一七七二年及一七八三年主張幾何形狀在礦物分類中之重要。浩儀（Abbé Hauy,1743—1822）爲結晶學之創造者，其主要著作乃在一八〇一年至一八二二年發表。

十九世紀初葉，英國學校中尚未以地質學爲確定之課程。惟倫敦有皇家學會爲英國搜藏礦物及化石最豐之所。是時之主持者，名代弗（Humphrey Davy），當時之礦物學家也。英國此時關於化石之有系統著作，則爲柏金生(James Parkinson)之古代生物之遺跡(Organic Remains of Former World）一書。

倫敦地質學會之成立

化學家及礦物學此時對於地質學之新科學，已漸知注意。至一八〇七年，彼等乃聯合自然哲學家及地質學家組織學會於倫敦，會名倫敦地質學會(The Geological Society of London)，會中最初祇有會員十三人，其中如治古生物學之柏金生，治地層學之菲里泊(William Phillips)，治普通地質學之格林納夫(G. B. Greenough,1718—1855)均爲當時有名學者。

翌年該會在一八〇八年所定會章中有云：『本會設立之目的，爲聯絡地質學家之感情，鼓勵彼等研究之熱忱，勸用統一之學名，傳布新發現之事實，促成地質學之進步，尤其爲不列顛礦物之知識』當時雖有懷納派與郝登派之爭辯，而該會之會員則未有參加者，此則可爲注意者也。該學會最初特刊中之文字，以關於礦物學及岩石學爲多，僅柏金生一人有關於倫敦附近之地層及其化石之文字發表。其他地質學泰斗如烏拉斯頓(W. H. Wollaston,1766—1828)勃克蘭(W. Buckland)倍希(H. T. De la Beche)塞治尉克，來伊爾，毛卻生(Murchison)諸氏，皆於一八一二年至一八二四年間加入於該會。

地質學與大學校

牛津大學至一八〇五年始講授地質學，而以化學教授吉特(John Kidd,1775—1851)任之。吉氏對於此項學科極有興趣，至一八〇九年有關於礦物學之書二卷刊行，至一八一五年有地質學論文（Geological Essays）一書刊行，牛津大學設有愛許摩林博物院（Ashmolean Museum），其中所置之標本頗可爲研究之助。地質學講室在該博物院最下一層，光線黑暗，然牛津之地質學者，皆在此中養成。

當時英國之地質學尙與化學及其他科學混合不分，故道勃奈（Danbeny, 1795—1867）由地質家而充牛津大學之植物學教授，漢斯魯（Heslow）在劍橋大學則以礦物學教授而兼植物學教授者兩年。

一八一三年吉特辭去牛津教授，而由勃克蘭繼任。勃氏口才長，學識優，而戶外實習勤，甚得時人信仰，故至一八一九年，牛津大學乃設地質學教授講座。

塞治尉克本一數學導師，一八一八年，任劍橋大學地質學教授。塞氏此時對於地質學幾可稱爲門外漢，但任職後，勤於探求，並在極難到之地方作實習，其勇氣之充足，實爲同時的地質學家所不能逮。塞氏又長於詞令，能使聽講者對於此學起有志趣及熱心，故後來塞氏門下人材輩出。

同時席姆生在愛丁堡擔任自然歷史教授，亦以地質學與其他科學並授。席氏著有蘇格蘭諸爲之礦物學(Mineralogy of the Scottish Isles)及礦物學統系(System of Mineralogy)後者共三卷其第三卷實爲地質學亦卽英國出版最早之地質教科書也。一八一三年，伯克威爾(Robert Bakewell)之地質學初步(An Introduction to Geology)出版亦爲地質學中之名著。來伊爾研究地質學之興趣可謂係讀此書而起者。

在德國則懷納在弗賴坡繼續擔任地質學與採礦學教授，直至一八一七年逝世後，乃由其門人摩斯(Friedrick Mohs)承之。摩斯亦爲當時著名之礦物學家。

在法國則自隆尼阿德於一八二二年繼浩儀(Haüy)爲巴黎自然歷史博物院(Museum of Natural History of Paris)之礦物學教授。前一年，度別依桑(D'Aubisson)著有地質學(Traite de Geognosie)一書，亦爲最初地質教科書之一。在意大利有白賴施來克(S. Breislak)所著之地質學初步(Introdugione alla Geologia)一八一一年出版。

關於化石之著作

不列顛礦石介殼學(The Mineral Conchology of Great Britain)一書爲蘇厄比

（James Sowerby, 1757—1822）與其子凱爾（James de Carle Sowerby）所著，於一八一二至一八四五年間出版。蘇氏父子均爲有系統之自然學者，且善於繪畫，故其著作中所附著色插圖，極肖標本之原狀。

在德國則有懷納學生施羅才末（Baron von Schlotheim,1764—1832）研究化石與地層之關係，一八二〇年著有化石學（Die Petrefaclen Kunde）一書，後又增地圖一册。哥爾福施(Goldfuss, 1782—1848) 於一八二六至一八四四年間發表德國化石界(Petrefacta Germaniae）一書，內容雖不甚完備，要亦爲古生物之重要參考書。在意大利則有勃魯齊（Brocchi, 1772—1826）著之中與統與上新統之化石介殼圖說(Conchiologia Fossile Subapennina)一書，勃氏亦爲意國著名地質學家之一。

地質學之大師

一八二〇年至一八四〇年間，有若干地質學鉅子著書立說，其見解雖不必盡合，但此際歐美二洲能有許多地質學上之重大發見，則爲彼等實地研究之功也。此種進步，乃因將郝登斯密史、屈賚兒等先進所立之健全原則見諸應用之結果。此時勃克蘭聲譽最隆，他如塞治尉克，毛卻生（Murchison, 1792—1871）來伊爾，倍希布盧（Leopold von Buch, 1774—1853）卜歐（Bauer）愛里特蒲孟（Elie de Beaumont）陶羅（Omalius d' Halloy）等，亦皆有卓越之貢獻，故有人稱此時期爲地質學之黃金時代。

此時學者對於礦物學之研究，人數亦較前爲減少。惟倫敦地質學會會員烏拉斯頓治此學尤爲努力，而測量礦物晶體角度所用之反光測角器，卽烏氏所發明。烏氏本學醫，得有醫學博士學位，惟懸壺不久卽告退，以便悉心致力於各種科學之探求。烏氏對於各種科學頗多擅長，又爲第一流礦物學家。所謂烏拉斯頓獎章（Wollaston medal）卽烏氏所捐設，而由倫敦地質學會評議會代爲頒給之最高獎品也。毛卻生，蘇格蘭人，本軍人，曾參預一八〇七年英國與西班牙之戰爭，一八一五年結婚，此後乃治地質學，並在歐洲許多地方作實地之研究，曾獲得烏拉斯頓獎章。

布盧爲當時德國最著名之地質家，本爲懷納之門徒，但一八〇二年在法國與汾迫研究之結果，則以該地之玄武岩乃爲一種火成岩而非水成岩，故與其師之見解相異。布氏遊歷斯干的納維亞時，發見瑞典之一部分地方正逐漸上昇，在遊歷瑞士意大利諸國時，則以為山岳係震動及上升運動之結果，且往往有花崗岩為之中心。布氏不避艱辛，卒將德國之地質全圖繪成，而於一八二四年發表。布氏後來又注意古物學，其對於菊石豌豆等化石所作之記述，亦極有價值。

德人洪博德（Alexander von Humboldt, 1769—1859）乃地理學家而非地質學專家，但足跡所及之地極廣，故對於世界各處之礦物，火山，山脈，變質及自然歷史，均觀察極富。一八二三年發表東西兩半球之岩層論（Essai Geognostique sur le Gisement des Roches dans les Deux Hemispheres）一書，而侏羅紀層之名稱，卽為洪氏所創立。後又著有宇宙（Kosmos）一書，書中將其本人對於宇宙間自然現象之觀察，作成要略，水成說與火成說之爭辯，雖由柏勒弗亞之解釋而以緩和，但對於火山作用，作有眞正之貢獻者，則惟布盧與洪博德二氏也。

道勃奈於一八一九年起之數年間，曾屢往奧汾湼及其他區域作實地之研究，一八二六年著有活火山與死火山（Description of Active and Extinct Volcanoes）一書，以為蓋呂薩克（Gay-Lussac）與代弗（Davy）所主張之水在氧化地殼下與鉀等未化合之基質相遇，乃為發生高溫釀成地震及火山爆發之基本原因之證明。

同時施克魯柏（G. P. Scrope, 1797—1876）在研究法國中部及他處之火山區域後，又將郝登及柏勒弗亞之見解頗多增益。施氏對於河谷侵蝕所作之觀察，不但將昔時特馬來斯之見解證實，且又加以擴充。一八二五年著有火山論（Considerations on Volcanoes），一八二七年又著法國中部之地質（Memoir on the Geology of Central France）一書。

初時之地質圖

初時地質圖之繪製，以美國進行較速。但一八〇九年費府（Philadelphia）美國哲學會（American Philosophical Society）刊行之密士失比河（Mississippi）以東區域之地質圖，實為麥克樓（W. Maclure, 1763—1840）之工作。麥氏本蘇格蘭人，初在倫敦經商，一七九六年遷入美國，以在歐洲時即喜治地質學，渡美後因見美國之地質構造比較單純而規模宏大，故遂常在東部諸州旅行，至一八〇七年乃獨自調查美國之地質。八年後麥氏又著美國地質之觀察（Observations on the Geology of the U. S. of America），於一八一七年刊行於費府，此爲第一次表示美國之大部分地質構造之略圖，縮尺爲每吋代表一百二十哩，即約七百六十萬三千二百分之一，大致頗能將北起坎拿大邊界起南至墨西哥海灣止東起大西洋沿岸西至經度九十四度止之區域內之地層分布表出。麥克樓依懷納之地層分類，將美國全地層分爲元始層，過渡層，第二期層舊紅砂岩及冲積層，而用顏色表出之。又作一綠線，自紐約之東北起，南行以至泰奈西州（Tennesee）止，而以此線之西爲產岩鹽及石膏之區域。於是第三紀中之各重要分層悉被列入冲積層內，但此爲當時不能免之錯誤，我人未可以此爲麥氏病也。麥氏手持斧，背荷袋，獨自往來於阿爾蓋奈山（Alleghany）間，不下五十次，其勞苦可以想見，故麥克樓又有「美國地質學之父」之稱。

愛爾蘭之第一地質圖乃出於葛里費施（R. G. Griffith, 1787—1878）之手。葛氏生於度白林（Dublin），畢生盡力於地質調查及他種有益於本鄉富源發展之事業。旅行甚廣，觀察所及，則記入圖內。最初之圖在一八一五年刊行，後政府命其完成之，而全圖乃於一八三九年出版，縮尺爲每吋代表四哩。後以知識日增，故圖中逐漸改正之處亦多，末版於一八五五年出行。

第四章　來伊爾氏之地質原理

自地質學原理(Principles of Geology)一書發表後，來伊爾遂成世界第一流之地質家。此書共分三卷，第一卷於一八三〇年刊行，第二卷於一八三二年刊行，第三卷於一八三三年刊行。此書之全名爲地質學原理爲試用現今原因作用爲舊時地面變遷之解釋(Principles of Geology, being an Attempt to Explain the Former Changes of the Earth's Surface by Reference to Causes now in Action）惟書中之理論，並非皆屬創造，如近代地球及其生物之變遷，可爲古昔之例證，前人卽已言矣，且自郝登之學說發表後，我人已知地質之現象，可以今日在活動中之物理原因解釋之也。來伊爾爲牛津大學高材生，因聽勃克蘭演講，乃引起研究地質學之興味。一八二五年執律師業，但本人此時之嗜好，已逐漸移於地質學方面。一八三一年，擔任倫敦皇家學校（King's College）地質學教授，但爲時不久，卽棄去，以便一心研究。來氏在執律師時，已有關於地質學之文字發表後，以旅行廣，觀察富，而所讀與地質學有關之出版物又多，故遂可以著述爲其畢生之主要事業矣。來氏對於凡物質界及生物界事實之可以用於說明地質學問題者，均自世界各處及各時代哲學家及觀察者之記載中搜集殆遍，故其地質學原理中例證極多，推理透澈，使一般讀者及地質學家讀之，則無不以爲今日之地文學（physical geography），僅爲地質史最後一幕之一部分，而其生物或他種自然現象之連續，實與其過去並無普遍之中斷也。

此書討論各種問題極爲詳盡，惟其第一卷則頗引起當時地質學家之熱烈的批評。來伊爾謂現在之狀況，可爲古代之經過之例證。惟柯奈倍（Conybeare）等則以古今物理的原因作用之程度及強弱，可因各時代情形不同而有變化。故當此書之第三卷時，來氏已否認本人爲主張現在變遷原因之作用，乃絕對亘古不變者，雖然，來氏之一致說（doctrine of uniformity）終不免有涉極端，而其門徒則更變本加厲，故至一八八〇年時，拉姆則（Ramsay）猶云『自太古界以迄今日，一切地球歷史中之物理的事變，不問爲種類，抑強度，均與我人今日所經驗者無殊。』惟後來泰爾（J. J. H. Teall）在一八九三年所作之論調，則較公允。泰氏謂地質學家無不承認在寒武紀以前，剝削及沉澱作用所處之化學物理的狀況，雖非與現在者相同，然而殊極相似。

柏來斯維（Prestwich）在一八八六年時以爲所謂「不一致」（non-uniformity），與律令之一致（uniformity of law）之問題無涉，不過僅與作用之一致之問題有關耳。柏氏以爲在地質時期內「物理的作用，乃較現在爲活動，爲強盛，」總之在今日地質學者所主張之物理作用說，以變相之一致說勢力較盛矣。

讀來伊爾之著作，可知舊時主張以災變爲地質事實之幻想家之錯誤。此書至一八七二年已第十一版，來氏親自將其名稱改爲地質學原理或地球及其生物之近代的變遷可爲地質學之說明（Principles of Geology, or the Modern Changes of the Earth and its Inhabitants Considered as Illustrative of Geology），我人顧名思義，可知來氏對於一致說所抱之態度已不若從前之謹嚴矣。

初版地質學原理（第三卷）將歐洲主要水成層系統分爲第二紀，第三紀及近代紀。第二紀之底部石炭紀層，其下則爲初期層。來氏謂凡古於石炭層者，不論成層與否，悉屬初期層。惟來氏以初期一名替代原始，不過僅以結晶岩較石炭層爲古而已。

來伊爾在一八三三年時，謂成層岩石之先後層序，永不顛倒，蓋當時對於倒轉，褶曲，與斷層等現象，尙無所知故也。來氏以爲花崗石有各時代之不同，以前我人以爲花崗岩爲地殼之最古部分，實則並不盡然，以其常爲較近時代所成，且有時則較其上成層岩石爲新故也。

至於舊時所謂過渡層，來氏以爲我人在許多地方所發現之原始層，非與第二期層中之岩石交互成層，卽逐漸變爲含有化石之岩層；我人藉化石之助，乃知以前所謂過渡層，實則與他處所見之變質較淺而含有珊瑚化石甚富之岩石相同。故過渡之名稱，雖爲來氏保存，但已不若原來之重要，蓋現今我人乃以化石種類之鑒定，以定層次，而不專恃礦物性質爲其年代分類之標準也。來氏所用之石炭紀層一名稱，包括甚多，有舊紅砂岩，粗岩，及過渡石灰岩。惟同時倍希在地質學要覽(Manual of Geology)中則以舊紅砂岩爲石炭紀層之底部，而其下之岩石則另列一組，可知在舊紅砂岩以下之古生代層之地層次序，尙待研究也。然自粗砂岩以上之層序則來氏所定者殊與今日英國所適用者無異。

特秀伊(Deshuyes, 1797—1875)因巴黎盆地之舊第三紀至新第三紀地層所產軟體動物化石之發現日見增多，乃起研究之興趣。至一八二四年，特氏乃發表巴黎四周之貝殼化石（Description des Coquilles Fossiles des Environs de Paris）二卷同時來伊爾於一八二九年純以地質學之觀點而得同樣之結論，並將第三紀層作同樣之分類。來伊爾云許多岩石在廣大面積內保持有同樣之結構及成分，但在他處廣大面積內因礦物有變化而常有其新特點。同時生成之證據，當在有機體遺蛻中求之，但我人對於動物學必須有相當之注意，蓋顯然各別之有機體遺蛻能埋藏於同一時代之地層中故也。來伊爾又對於物種之變形問題作有討論，謂一切物種多有適應環境變遷之能力。此種適應能力之大小乃隨其物種而異。但此種變形作用，必依照定律進行，而適應能力之大小，則為物種之永久不易之特性之一也。總之自來伊爾之地質學原理發表後，科學的地質學之範圍，業稱完備。

在來伊爾地質學原理發表以前，德人霍夫（von Hoff）已於一八二二年及其以後數年，將地面之變遷作有論列。霍氏對於此科學雖有貢獻，但其見解實為融匯貫通各書而得，故我人祇可目之為哲學史家，而不能稱之為地質學家也。

約與來伊爾同時之重要著作，尚有雷斯（F. A. Reuss）之礦物學教本（Lehrbuch der Mineralogie, 1801—1803），席姆生之地質學（Treatise on Geognosy, 1808），度別依桑之地質學論（Traite de geognosie），腦莽（C. F. Naumann）之地質學課本（Lehrbuch），陶羅（Omalius d'Halloy）之地質學初步（Elements de Geologie），菲里泊之地質學綱要，倍希之地質學要覽等。惟最重要者則為特奈（J. D. Dana, 1813—1895）之礦物學（System of Mineralogy）於一八三七年出版，特奈初為美國耶魯大學自然歷史教授，後為礦物學及地質學教授。一八六三年又著有地質學教科書（Manual of Geology）。在一八三八年以後，特氏對於珊瑚及珊瑚島研究頗勤。

地質學初視為玄學，後視為礦物學之分枝，最後乃成為獨立之科學，而其內容則與天文，生物，地理，均有關係。自一八四〇年起，我人對於地質學之發展，當注意於重要原理之發見及此科學各分枝之進步矣。

第五章　地質調查所及經濟地質學

自各國有詳細地質圖後，而地質學之進步遂一日千里。蓋地質圖不僅可將各種岩層之界線及斷層表出，且可藉經度之區劃，將一地之地質構造及其對於風景之影響及與經濟問題之關係表出，十九世紀初，不列顛三角測局（The Trigonometrical Survey of Britain）長柯爾倍（T. F. Colby）極喜研究地質學，一八一四年加入倫敦地質學會，同時又勸其屬員注意測量區內礦物之變遷。是年麥克洛赫（John MacCulloch）任測量局地質顧問至一八二六年，麥氏乃着手繪製蘇格蘭之地質圖。是時蘇格蘭除阿羅斯密史（Arrowsmith）所繪之圖外，尙無詳細之地質圖，麥克洛赫乃以阿羅斯密史圖爲根據，以塡明地質構造。此圖於一八三六年刊行；蓋爲麥克洛赫逝世之次年也。圖之縮尺爲每吋等於四哩，對於火成岩研究之進步，頗有影響。其時交通頗不便，蘇格蘭又多崇山峻嶺，麥克洛赫竟能獨手完成此圖，良非易事。

愛爾蘭三角測量局（Tho Trigonometrical Survey in Ireland）在開辦時，柯爾倍即主

張該局須視爲統計古物及地質三種調查之基礎。迨柏林格爾（J. W. Pringle）主持時，對於此三者之進行頗爲注意，後地質調查之工作，乃由寶德洛克（G. E. Portlock）擔任，寶氏初爲皇家工程師，一八二四年加入愛爾蘭測量隊，一八三二年籌備地質測量專宜。五年後，愛爾蘭三角測量局之地質股乃成立。

同時倍希曾個人測製得文（Devan）與多塞特（Dorset）之地質圖，以一吋縮尺之英國軍用圖爲基本。至一八三二年事爲柯爾倍所聞，乃正式命其將得文之地質圖繪成，圖共八幅，於一八三四——一八三五年由陸軍部發行。其時來伊爾爲倫敦地質學會會長，與勃克蘭及塞治尉克向軍政部建議，組織有系統之地質測量，並聲明此項事業之綦要。於是政府乃任倍希爲地質調查所所長（屬不列顛三角測量局）並主持礦物學校（school of mines）與礦物登記所（Mining Record Office）。該地質調查所之目的，在以縮尺一吋爲一哩（即六萬三千三百六十分之一）之圖上，塡明地質構造，有用礦物之位置，及其分布，並附有截面圖，而以縮尺六吋爲一哩（即一萬零五百六十分之一）以表示地面下之構造，刊行專報，記述國內之地質，古生物，有用礦物及礦業，此外又設立博物院陳列不列顛諸島之岩石礦物化石等等標本。其第一次刊行之地質圖，卽引起學者之注意，其內容之詳盡，爲先前所未見。倍希又網羅有名學者，爲礦物學校教授。一八五五年，毛卻生繼倍希爲地質調查所所長。

美國州立地質調查所，固成立頗早，但國立地質局之得成立，則爲取法母國之結果，故我人亦可謂爲倍希個人之努力及熱忱及於大西洋之彼岸之影響也。英國之國立地質調查所成立後，他國亦接踵繼起，而成一種有興趣之科學運動。

東印度公司（East India Company）於一八一八年時，已在印度設立三角測量局，印度地質調查所（Geological Survey of India）之第一次報告，係由麥克賴倫（John McClelland）於一八四八——一八四九年發表，然遲至一八五一年，該調查所始組織完備，而以前愛爾蘭地質分所所長奧特漢（Oldham, 1816—1878）爲所長。

當倍希之在南威爾斯調查地質也，得露根（W. E. Logan, 1798—1875）之臂助頗多。露根在天鵝海（Swan Sea）附近測量煤田極爲精細，一八四〇年在該處煤層下之黏土中發現痕木（Stigmaria）之根，遂斷定是處先時乃該植物生長之所。露根生於坎拿大之滿地可（Montreal）一八二四年任坎拿大地質局長，可謂人地得宜矣。

奧匈聯合王國之地質調查所成立於一八四九年，所長爲海定吉（W. Van Haidinger），後由李德（F. Ritter von Haver）繼任。奧匈地質全圖，乃於一八六七至一八七一年發行。

在某某等國家，其私人所繪之地質圖，在官立地質調查機關成立以前，卽已製成。如法國卽其例也。一八二三年愛里特蒲孟與竇弗爾那（P. A. Dufrénoy, 1792—1857）在白路向（Brochant de Villiers, 1772—1840）指導之下，以製成法國地質圖。白氏爲礦務學校（école des mines）之地質學及礦物教授。三氏於一八二二年曾赴英國參觀地層，翌年卽開始工作，一八四〇——四八年發行，並附報告兩卷。

德國最初之最重要普通地質圖，乃出於提靑（Heinrich von Dechen, 1800—1889）之手，一八六九年發表。提氏又於一八五五——八二年間，又有普魯士及韋斯德發利亞（Westphalia）之地質圖發表。格姆貝（C. W. von Gümbel, 1820—1898）又作巴燕（Bavaria）之地質圖，一八五八年發行後來德國所有各種有系統之地質調查，可謂大部分乃對於提氏圖之價值之認識而起也。

俄國亦常有各種地質圖發表，係出於阿畢處（Abich, 1806—1886）阿盧瓦特（von Eichwald, 1795—1876）諸人之手。一八四一年海爾梅生將軍（General von Helmerson）發行俄國之地質圖；至一八四五年毛卹生，佛奴依（De Verneuie）加色林（von Keyserling）諸人又著成歐俄及烏拉山脈之地質（Geology of Russia in Europe and the Ural Mountains）一書而有地圖多幀。芬蘭之地質調查工作乃開始於一八六五年。那威瑞典對於此項工作則較前，在於一八五八年時即已着手。瑞士地質調查所乃成立於一八五九年，局長為施多特（Studer, B, 1794—1887），施氏在任此職以前曾與林特（von Linth）刊行瑞士之地質圖。

比利時之地質圖於一八五四年刊行，係特孟（A. H. Dumont, 1809—1857）受政府命令繪製者。正式地質調查所之組織則較後，主持者為特朋（E. Dupont）。

意大利地質調查所於一八六八年成立，然遲至一八七七年始組織完備，所長為齊大諾（F.

Giordano）。當時意大利之地質學家以沙維（P. Sovi,1798—1871）爲最著名。沙氏研究地質學及動物學，其採集之標本陳列所爲歐洲最優者之一。沙氏對於古代岩石，加拉拉（Carrara）大理岩中新統之褐炭，愛爾巴（Elba）之鐵礦等地質問題，均有貢獻。

美國州立地質調查所之設立，乃在十九世紀初。在一八二四年時，紐約州之地質工作，乃由伊頓（Amos Eaton）擔任，其後霍爾，愛門施（Ebenezer Emmons），康拉（Timothy Conrad），諸氏繼之。首須州帑以設地質調查所者，爲麻薩諸塞州（Massachussetts）係一八三〇年時，由希去柯克（Rev. E. Hitchcock）所組織。後羅傑士（W. Band H. D. Rogers）奧溫（P. D. Owen）馬哥（J. Marcow），紐勃雷（J. S. Newberry）等亦參加各州地質調查所之工作。最初州政府所組織之地質軍事地形調查隊，乃由金格（C. King），海篠（F. V. Hayden），寶韋爾（J. W. Powell），韋勒（G. M. Wheeler）諸氏主持，而現在美國國立地質調查所，則直至一八七九年始成立。此等州立地質調查所所出版之報告，均卷帙繁重，內容豐富。

馬哥生於法國，久居美國，其一八六一年發表之世界地質圖，乃第一重要之世界地質圖。

日本自明治維新以還，卽對於地震及測量甚爲注意。其全國百萬分之一地質全圖，於一九〇〇年發行，高麗之地質調查初以小籐（Bunjiro Kotô）氏之努力爲多。

南非之地質情形大多藉乎私人之研究。賓恩（A. G. Bain, 1797—1864）爲南非地質學之創立者，本蘇格蘭人，於一八二〇年赴好望角殖民地（Cape Colony），初從事於測路，後改攻地質學，至一八五六年有南非地質圖發表。

愛賽斯登（W. G. Atherstone, 1813—1898）爲發現好望角殖民地金剛石礦之第一人。斯徒（G. W. Stow, 1822—1882）對於南非之地質學與民族學，均極有研究，而佛利寧琴煤田（Vereeniging coal field）之發見，卽爲斯氏之功。

克拉格（Rev. W. B. Clarke, 1798—1878）爲澳洲之地質學先進，初肄業劍橋大學，一八三九年在新南威爾斯攻地質學，一八四一年在該地第一次獲得黃金，然直至一八四四年時，毛却生尚未知該地產金，祇因獲睹斯第賚賴基（Count Stizelecki）在澳所採岩石之與烏拉山產金岩石標本相同，遂揣斷該處有金礦發現之可能。但澳洲自一八五一年起，始正式有人趨赴該處株金克拉格又爲志留紀層與石炭紀層之鑑定者有「澳洲地質學之父」之稱。

麥高（Frederich McCoy, 1825—1893）與塞治尉克在英格蘭及威爾斯研究下部古生代化石，有關於愛爾蘭之石炭層及志留層之著作發表。一八五四年任新金山（Melbourne）大學自然科學教授，此後遂在域多利（Victoria）研究古生物。

新西蘭頗多地質學家之惠臨，海格托（J. Hector, 1834—1901）於一八六一年任奧𡽪哥（Otago）之地質學專家，四年後爲新西蘭地質調查所所長。同時波希米亞人霍須斯泰德（von Hochstetter）來新西蘭，有關於新西蘭之地質及地形圖說之著作（一八六四年出版），同時有赫斯德（Haast）來主持納爾生（Nelson）及康德倍雷（Canterbury）二處之地質調查所。又有赫登（F. W. Hutton），者自印度來主持惠靈頓（Wellington）之地質調查所。若干時後赫氏乃改任新西蘭大學地質學及生物學教授。

地質調查之工作，本根據科學原理以進行，但地質調查局所設立之目的，則在應用科學於人生。瓦爾可脫（C. D. Wolcott）云：「有人以爲實用係科學之止境，但明哲有云，哲學對於人生所供給之需要中止，則失其甚高之地位。」

世人在未獲有科學的報告以前，常不願投資於需款多而風險大之事業。如英國地質學家見有黑色頁岩及褐炭之分布，乃斷定此等地方有煤層之存在，故常在古於或新於含煤之地層作試探，而未有結果。但後來卒在色塞克斯（Sussex）地方探得煤層焉。倍希與其他學者曾揣測英國東南部之地下，大概有石炭層之分布。後郭文奥施登（Godwin-Austen）始詳加討論。至一八五五年時，奥氏之結論，爲法比間在白堊層與第三紀層下之煤田，乃延長至泰晤士河谷。一八八六年時，渡佛（Dover）地方舉行試探，四年後竟在一千一百十三呎深處獲得煤層。其後證明渡佛以北，在白堊紀層與侏羅紀層之下，隨處均有煤層。但倫敦以上，泰晤士河沿岸，則未有煤田，因在倫敦及厄塞克斯（Essex）白堊紀層之下，曾探得志留紀層，兩者乃不相整合故也。

第六章　舊地質層系之說明新地質層系之歷史

當一八三三年來伊爾氏之地質學原理第三卷出版時，凡舊紅砂岩以下之地層及化石，尚未確定有系統。卽索美塞得西部得文及康瓦爾（Cornwall）之厚層粗岩板岩石灰岩等，亦未釐定次序。

塞治尉克與毛卻生備嘗艱辛，在澤地（Lake District）威爾斯大部分地方，及英格蘭西南一帶詳究縷析甚久，卒將此等地方之山地構造，闡明無遺。二氏以地層次序及化石種類爲根據，定爲寒武岩紀志留紀及泥盆紀，此種層系之名稱，已爲全世界所適用。

惟在一八二〇年時，奧德樓（Jonathan Otley）卽研究澤地之主要岩層，及其一般之分布。後二年塞治尉克乃開始研究澤地之較古層系，所謂施基渡板岩（Skiddaw slate），綠色板岩，與斑岩（亦稱巴闢台系 Borrowdale series）以及粗砂岩系，均經塞治尉克詳加研究，而將其互相關係，與主要分類，作有解決。但直至一八四五年威爾斯各地及其交界地方之寒武紀層與志留紀層研究清楚後，澤地之同類層序，方始明白。

一八三一年塞治尉克與毛卻生開始研究威爾斯及英格蘭交界地方之較古地層，結果得左列之層序，自上而下爲：

羅特魯層（Ludlow）
- 下部羅特魯
- 愛邁斯特來石灰岩（Aymestry limestone）
- 上部羅特魯

溫樂克層（Wenlock）
- 頁岩
- 石灰岩

毛卻生又在溫樂克層之下，加以加拉道克砂岩（Caradoc sandstone）與浪特羅層（Llandeilo flags）而視之爲下志留紀之底部。所謂寒武與志留二名，皆由二氏於一八三五年所創立。其時二氏均以爲塞治尉克之上寒武層，與頂部之倍拉石灰岩（Bala limestone）皆位於毛卻生之下志留紀底層——浪特魯——之下。一八三八年，塞治尉克發見其所定爲上寒武層者，其中有幾種化石與毛却生之下志留紀化石相似。一八四二至一八四六年間，二氏更認明兩系中，有同類生物遺跡。最後始知浪特羅層較倍拉層爲古，而毛卻生之加拉道克層之一部分則與倍拉層相當。釀成學者間之爭執之主要原因，則爲以加拉道克砂岩與浪特羅層上之砂岩混而爲一，嗣塞治尉克乃將其作有分別。眞相既明，爭執自止，不意毛卻生於一八三九年發表志留系（Silurian system）一文，不願改正此項分類，以致分類各別之系統沿用甚久，至一八七九年拉潑華施（Lapworth）教授以塞治尉克之寒武紀層與毛卻生之下志留紀層，自倍拉層及加拉道克層至阿雷尼系（Arenig series）之底部另創奧陶紀之名以概括之，於是此種新系統乃以成立，今日各國亦用之。

巴蘭台（G. Barrande,1799—1883）於一八五二至一八八一年間，著波希米中部之志留紀（Systime Silurien du Centre de la Bohême）一書，依化石動物之殊異，而將古生地層分爲三大類，而以之與寒武紀奧陶紀及志留紀之化石相當。巴氏本爲附和毛卻生之人，故其志留紀一名乃作廣義應用，但其探求之結果，則反多證明拉潑華施之分類爲適當。巴蘭台生前出版關於該三大系地層之著作共二十一大册，死後又續出二集。巴蘭台將凱騷（E. Kayser）所指爲泥盆紀層者括入其志留紀之最上部，又在其下志留紀層中，發見上志留紀之標準化石，以爲乃生物羣體（colonies）之重新見於上層者。此種見解在波希米地質學者間，頗有爭辯。一八八〇年馬爾（G. E. Marr）謂此種現象係斷層之結果，同時並謂物種之羣體及移殖，重見於同組之岩層中則可，但不能見於系統各異之岩層內。

在寒武紀以前之地層中，雖偶有少數化石發見，但直至寒武紀之底層，乃有眞確動物遺蛻之發見。在寒武紀中最早之化石層，以三葉蟲類之 Olenellus 爲特繁，霍爾於一八六二年時卽記述之，屬於同帶之別種化石，則於一八四四年由愛門施發現於美國。瓦爾可脫著有下寒武紀之動物或小肘蟲之地帶（The Fauna of Lower Cambrian or Olenellus zone）一書，於一八九一年發行，爲最初記述化石最詳盡之著作。

一八八八年拉潑華施教授云：Olenellus 動物，在斯干的那維亞亦曾見之，在英國發見於一八八五年，產於加拉道克，惜標本不佳，無法記述，其後所採得之大標本，名 Olenellus callarei。將南威爾斯之寒武紀層作詳細之研究者，爲賽爾德（G. W. Saltor）與雪克士（H. Hicks）二氏。至一八六五年二氏乃定有麥耐維恩層(Menevian group)之層名，其中以三葉蟲類之兜頭蟲(Paradoxides)爲最普通。此三種葉蟲在一八二二年時，白隆尼阿德卽巳詳言之，有時長二呎有奇。其層位在含有小肘蟲（Olenellus）之地層上，寒武紀之最上層，則爲含有油節蟲(Olenus)之三葉蟲層。據瓦爾可脫云，中部寒武紀層之動物含海棉類，水母類，珊瑚類，腕足類，瓣腮類，頭足類，腹足類等頗富。可知下寒武紀以前早有生物之存在，如有良好機會，當能發見之也。

美人愛門施於一八四二年定一泰柯尼克層（Taconic formation）之名，據稱此層乃位於下寒武紀之博次代姆砂岩（Potsdam sandstone）之下。因此又引起許多爭論，幾歷五十年之久而未解決。最後乃知屬於上寒武紀。此項地層乃因麻薩諸塞州與紐約州交界處之泰柯尼克山而得名。後學者研究之結果，乃知該處地層構造繁複，一部分屬於下志留紀或奧陶紀，一部分屬於寒武紀之地層，不過愛門施均以之包括於泰柯尼克層中耳。今日此名詞祇有歷史上之意義，而無實在之價值。蘇格蘭南部高地有下部古生代地層，其層序乃由拉潑華施教授於一八七八年及其以後數年中整理而得。各層中以筆石化石爲最多。

瑞典之下部古生層，經李那生（J. G. O. Linnarson）之研究，始層序分明，其中所含化石乃參考上最可靠之標準。昔安奇林士（Angelin, 1805—1876）依三葉蟲之形式，以決定瑞典之地層，今則李那生以筆石化石分別之。瑞典南部之地層甚稀薄，故其上下層所含化石，乃密接而生，如非在該地逐寸採集，則極易混亂。一八七六年李那生著有論瑞典標準筆石化石之層序之文字，謂其次序，頗與拉潑華施在英國所見者相當。二氏異地工作，乃證實兩國下部古生層均有同一之筆石層。瑞典地質學家名林特斯特姆（G. Lindström, 1829—1901）研究古德蘭（Gothland）之志留紀層甚詳，而有一種名 Calceola 之奇異珊瑚，初視爲豌豆類者，即林特斯特姆研究而得。

英國之舊紅砂岩，經柯奈倍（Conybeare）、勃克蘭及來伊爾諸氏之研究，已列爲石炭系之一部分，惟彼等又謂英國西南部之石炭層系與其上之新紅砂岩，乃別爲一層。毛卻生在志留紀（Silurian System）一書中云，舊紅砂岩極爲厚大，故擬以系名之。二年後密勒（Hugh Miller, 1802—1856）在克羅麥斗（Cromarty）地方開採岩石，成舊紅砂岩（The Old Red Sandstone）一書，云設非毛卻生，則該地層將不列於地質層序中矣。密勒又在舊紅砂岩中，採得魚類之化石，與溫（Owen）及其他學者，均承認密氏舊紅砂岩一書爲地質書中最饒興趣之著作。

阿伽西(L. Agassiz, 1807—1873)瑞士人，爲魚化石之研究(Recherches sur les Poissons Fossiles)一書之著作者。一八四七年任美國哈佛大學動物學及地質學教授。其門人夏勒(N. S. Shaler, 1841—1906)亦爲著名之古生物學家及地質學家，著有地質學初步(First Book of Geology)一書，於一八八四年出版，曾譯成德俄波蘭等文字。

一八三六年塞治尉克與毛卻生在得文研究古代地層，以考證粗砂岩之中所含劣質無烟煤之時代。此種地層，據實地觀察，祇可決定爲石炭系層之代表。在此後三年中，此門題漸引起學者之趣味。一八三七年龍施代爾（Lonsdale），見郭文與施登（Godwin-Austen）在得文南部所採之化石，遂以爲該砂岩所屬時代，當在志留紀與石岩紀之間，並以此種見解轉達塞治尉克與毛卻生。二氏乃於一八三九年命之爲泥盆紀層，與此相連之各種石灰岩，亦一併包含在內。其後舊紅砂岩中之魚化石，亦在得文發現。

他國學者因泥盆紀在英國成立，遂亦在大陸方面作與此相類之地層之探求。羅麥（P. A.

Römer）於一八八四年在愛弗爾（Eifel）覓得泥盆紀層。惟特孟（Dumont）已於一八四八年時將比法德接壤處之地層定有諸分期之名稱，但尚未知其乃與舊紅砂岩相當，故對於泥盆紀之名，未置可否。商特坡兄弟（G. and F. Sanderberg）研究那沙（Nassau）之泥盆紀層，以化石爲根據而將分爲上中下三部，乃使泥盆紀層之研究大有進步。學者因有德國及北歐各國之分層，於是乃可將英國西南構造複雜之區域作有說明。

石炭紀一名，係柯奈倍從法國引用而來，指含煤諸岩層而言。英格蘭及蘇格蘭之下部石灰岩含有煤層，故亦爲石炭紀。研究比國之石炭紀化石，以居羅姆（Larent Guillaume de Konnick, 1809—1887）爲最著名。一八七八年，任里愛巨（Liege）大學之古生物教授。

一八四一年毛郤生創立三疊紀之名詞，以俄國潑米亞（Kingdom Permia）有與英國下部新紅砂岩或含鎂石灰岩系及與德國及其他歐洲各部之赤底紀（Rothliegend）諸分層相當之地層也。

於是新紅砂岩又分爲二部分，下部屬於古生代，上部連諸中生代。中生代之名稱，係菲利泊

（John Phillips）所介紹。毛卻生與塞治尉克見各處之三疊紀與石炭紀相整合者祇居少數。塞治尉克將英國含鎂石灰岩詳細研究後，謂其乃與德國之紅砂岩系相關連。

三疊紀之名稱係一八三四年德人阿爾伯蒂（Friedrick von Alberti, 1795—1878）所創，包括德國三種地層卽朋德摩許爾石灰岩及可柏層（Bunter, Muschelkalk, Koeuper）是也。今已爲全球所沿用，不過其詳情則各地不同耳。如在英國卽未有摩許爾灰岩層，在阿爾卑斯山區，則又有其他所有之分層。莫西蘇維克斯（E. von Mojsisovics）研究歐洲南部之三疊紀，則，

十四。三疊紀之最上層，格貝爾（Gümbel）名之爲雷底克(Rhætic)因瑞士西Rhætian Alps）而得名，意大利之雷底克層及其上之里阿斯（Liassic）（Stoppani）研究者爲多。

美國康乃梯葛德谷（Connecticut Valley）有新紅砂岩焉。當地居民常以之作堦石，石上現有化石足跡，一八三六年第恩(G. Deane)乃喚起世人注意。希去柯克(Edward Hitchcock)以爲鳥類足跡。後該處時有其他種足跡發見。希去柯克以爲係蛙類，蠑龜類，石龍子，環節動物或軟

體動物之足跡。來伊爾謂多數足跡俱屬鳥類，一八五八年希去柯克著新英格蘭之足跡化石(Ichnology of New England)一書，一八六〇年非爾特(R. Field)又謂全係爬蟲類之足跡。一八九三年發現爬蟲類之骨骼於地層中，馬許(Marsh)謂係屬於一種名恐龍之爬蟲，Iurus)且云所有印痕因有前後足及尾部所留之殊，故其形狀乃以不同耳。

可藉化石以決定其岩層之年代，如愛爾琴(Elgin)附近之紅砂岩，即其也。一八四四年阿加西記述露西摩斯(Lossiemouth)舊紅砂岩中脊椎動物之棱鱗，以爲此乃魚之遺蛻。惟赫胥黎(Huxley)則謂屬於鱷類，翌年赫氏又得一種名杵狀龍(Hyperodapedon)之爬蟲骨骼，皆爲三疊紀之化石也。於是證明新舊兩種砂岩乃同露於一處，惟新紅砂岩中產爬蟲類化石；故此爭論不解之問題，乃以告終。侏羅紀之層序，在歐洲各國均已依照斯密史之分類而定。昆斯戴特(Quenstedt)所定之侏羅紀化石次序，爲後來學者之根據，昆氏研究礦物學與結晶學，又於一八四三年起，有關於古生物學之著作發表，一八五八年有侏羅紀(Der Jura)兩卷刊行，一八八八年又有記述侏羅紀菊石化石之發表。奥貝爾(Albert Oppel, 1831-1865)著有英法二國及西南德國之侏羅紀層（Die Juraformation Englands, Frankreichs und Deutschlands, 1856—58）一書頗引起學者之興味，而於各地之工作者，裨益非鮮。白堊紀之名係非登（Fitton）由法文引用而來，因該系含有大規模之白堊層故也。英國之白堊紀層有韋爾頓（Wealden）與配排克（Purbeck）兩層，後者有時亦列入侏羅紀中，兩層連合共生，似為一種淡水中所成之地層。但歐美下白堊紀之植物魚類及爬蟲類之情狀，據學者之研究，則似與侏羅紀者關係較深。英國之白堊紀層，由門德爾（Mantell）與非登之研究，而漸稱完備。德國之侏羅紀與白堊紀則以羅麥昆仲（F. A. Roemer, 1809—1869, C. F. von Roemer, 1818—1891）及克賴特耐（C. T. H. Credner, 1809—1876）之貢獻為多。又蓋尼次（H. B. Geinitz）又在德國他處研究上白堊紀紅砂岩及薩克遜之砂岩削壁，巴黎大學教授愛排德（E. B. Hébert, 1812—1890）為法國著名地質學家之一，鑑定上白堊紀層甚多，後巴魯阿（C. Barrois）博士等又擴大其工作，更有裘葛勃羅尼（A. J. Jukes-Browne）與魯偉（A. W. Rowe）繼續而光大之。新生代之名，為菲里泊所創，原意乃與第三紀相當。一八五四年摩落德（A. Morlot）

以爲第四紀與第三紀宥別，於是新生代乃包括第四與第三兩紀在內。

一八二九年來伊爾與特許伊（Deshayes）以軟體動物化石之屬種與現代生物類似之多寡而區別始新統，中新統，與上新統三層。一九〇三年代爾（W. H. Dall）博士表示反對，以爲環境對於物種之生存，有宜否之分，故在美國之始新統中，祇有二三物種似與歐洲者相同。

比國第三紀層之詳細分類，大都爲特孟於一八三九年起探求所得。其所定之名，今日猶有用之者。將英國始新統作有主要之分層，及決定其岩層沉積之物理的狀態、乃爲柏來斯維（Prestwich）研究之結果。

漸新統一名，爲倍立希（H. E. Beyrich,1815—1896）於一八五四年所創；倍氏爲研究第三紀軟體動物之名家，對於歐洲中部及德國之各種地層及化石知識極豐富。英國韋德島（Isle of Wight）之漸新統層，海陸兩相兼有，初視爲中新統或始新統；經福白西(Edward Forbes)研究後，乃定爲漸新統之最上部。

新生紀（Neogene）一名，爲洪斯（M. Hoernes, 1815—1868）所創，包括中新統與上新統。洪斯對於維也納盆地之第三紀層，軟體動物，極有研究。

英國之東安格利亞（East Anglia）與比國之上新統地層中，產軟體動物及他種化石甚富，故引起學者之注意。其中有若干軟體動物，初以為屬於第三紀之初者，後知其乃屬於上新統初期，而與比國之地施與層（Diestian）年代相當。

冰河期之名，係來伊爾於一八三九年用以指示新於上新統之地層，今則與全新期（Holcene）一併列入第四紀中矣。初分為洪積統與冲積統之表面地層，經阿伽西與勃克蘭創冰河期冰河作用之說後，其成因乃明。石面之擦痕及石塊之遠徙，固久已引起霍爾，拉克白隆尼阿德，柯奈倍，來伊爾，毛卻生等之注意。但直至一八四〇年，阿伽西始於倫敦地質學會宣讀所著冰河及其舊時曾於在蘇格蘭愛爾蘭及英格蘭成立之證據（On Glaciers, and Evidence of their having once existed in Scotland, Ireland, and England）一文。距此文發表之三年前，阿伽西在阿爾卑斯山研究冰河及冰河下之岩牀，並發見其石面有磨擦之痕跡。

惟阿伽西所欲解決之問題，為歐亞美三洲之溫帶及北部之漂石範圍。阿氏深信冰河之成立，與地球之成形無涉，但與地面最近地質大變動及與現在極地冰中所發見巨大哺乳動物之絕滅有關。一八四〇年阿伽西初見英格蘭北部及蘇格蘭愛爾蘭諸地之石堆，及岩石上之擦痕與大塊圓石時，謂其恰與在瑞士所見者相同，可知冰河之成立，不以不列顛諸島為限矣。此種與今日在格林蘭（Greenland）所見相同之大冰層，及今稱為漂石之不成層小石，必為冰層研磨其下之岩石而來。阿伽西又謂革林路（Glen Roy）之「平行路」（parallel roads）係由橫冰河展延而成之湖所成，故有成層之石塊及各級平度之石牀。

自斯密史以後，地質學者對於地質學中之重大而困難之問題，遂未有能作重要之貢獻者。逮冰河時代說創立，學者猶躊躇久之，始敢承認。

基啓（Sir A. Geikie）於一八六三年著有蘇格蘭冰河堆積之現象（The Phenomena of the Glacial Drift of Scotland）一文。又吉姆基啓（J. Geikie）教授於一八四七年著大冰河時代（the Great Ice Age）一書。二氏均以陸地冰為漂石土（boulder clay）之成立之主要原因。一八五〇年特里麥（Trimmer）建議詳繪地面堆積物之分佈圖，並說明其與土壤之關係。後吳特（V. Wood）乃開始在東安格利亞地方對於此種堆積物作有系統之調查且說明其歷史。今德國美國皆依特里麥之意見，以作土壤圖，並將其性質及深度表明。

第七章　古生物學與生物之連續

古生物學者研究化石植動物之學也。費雪（G. Fischer, 1771—1853）始用此名，著有古生物學書目提要（Bibliographia Palæontologica）一書，一八三四年在莫斯科出版。惟白樂維爾（Blainville）之用此名，亦約與費氏同時。

十九世紀中葉之古生物學家，在法國以陶別泥爲最著名。陶氏於一八四〇年起，有法國古生物學（Paléontologic Française）一書刊行，首六卷記述白堊紀之軟體動物，腕足類，蘚苔蟲類，棘皮類之化石，後三卷述侏羅紀之頭足類及腹足類化石。一八五三年巴黎自然歷史博物院爲陶氏設古生物學教席，而以教授之職相屬。陶氏生前雖未能將白堊侏羅兩紀之化石研究完竣，但其工作業已建樹甚多。法人達賈克（Vicomte D'archiac）初充騎兵者六年，後研究化石及其在地層中之分佈，於一八六四年至一八六五年間，有古生物之地質層序（Paleontologic Stratigraphique）刊行。瑞士人璧克德（F. J. Pictet）於一八四四年至四六年間，有古生物學論

（Traite de Paleontologie）刊行。德人白隆（H. G. Bronn）於一八三四至三七年有地層學（Lethaea Geognostica）刊行，實爲德國地層學之基礎，白氏乃古生物學家之最有地位者。

奧温（Owen, 1804—1872）以研究爬蟲類鳥類及哺乳類之化石著名，乃英國刊行最早之古生物學（Palæontology）之著者。

最近古生物學之偉著，而臧忒爾（K. A. von Zittel, 1839—1904）之古生物學（Handbuch der Palaeontologie）。臧氏爲門與（Munich）大學之地質學與古生物學教授。此書着手於一八七六年完成於一八九三年，共四卷，計費時十七年之久，實爲古生物學中之最稱完備最有價値者。

霍爾於一八三六年加入紐約地質調查所，七年後任紐約自然歷史博物院院長，及州委地質技師。霍氏盡力於地質學者幾六十二年，以研究紐納州古生代化石著名。有著作十三巨帙，記述筆石，腕足類，軟體動物，棘皮類海百合類等化石。

不列顚古生物學會（Palæontological Society）創立於一八四七年，以按照地質系統，編輯英國化石爲宗旨；第一卷於一八四八年出版。

學者在世界各處探求之結果，乃使地層之大部分地方可以相比較相關連。學者以爲各處地層僅爲其海底時期之狀態之代表。據塞治尉克謂岩石之礦物性質改變，則水中某深度特有之生物亦因之不同。惟有幾種生物則棲息區域廣袤，又與水成環境無甚關係耳。

因此古生物學遂成以地質年代爲對象之科學，而某某幾種有機體之化石，遂確爲時代之代表。然而此種證據，非視有機體之性質有機體遷徙之能力，與夫有機體分布所需之時期爲如何而以整理不可。故表明多少有地方性質之特殊環境及其物理的變遷之地層系統，以及又可明示地層中所含之有機體之變遷之生物時代之雙分類法或隻命名法，乃爲必要矣。

陶別泥以爲所用之命名須表示地質史中以次相繼之時期。此種名稱須以最通用者爲根據，且尤宜劃一，如牛津黏土層（Oxford clay），卽爲牛津紀（Oxfordian），倍堯（Bayeux）之下等鮞岩層，卽爲倍堯紀（Bayocian）等是也。凡各地早經成立之岩層，及其所含之化石，應用之爲分期之基礎，如克姆理旗土(Kimeridge clay)中之動物化石，卽爲克姆理旗紀(Kimeridgian)

是。

自斯密史以來，有許多地層表之刊行，就中尤以洛桑（Lausanne）大學地質學及古生物學教授勒乃維爾（Eugene Renevier, 1831—1906）所作者爲重要。惟我人欲將全球之地層系統及其所代表之時代排列成表，殊遠不若作有史期中君主統治國家世代相承次序之單簡，此則爲我人所不可不知者耳。故我人欲求地層系統之精確不易，非唯不可能，且又爲不可希望之事也。

我人已在許多地方將地層作有詳細之研究，則其所含有機體遺蛻之順序，遂可確知，因某某有機體遺蛻祇爲一定時代所有故也。於是各種地層遂可分爲各種古生物帶，每帶含有多種之化石，即以其中最繁殖之一種爲該帶之名稱，而爲分帶之標準之化石，多爲筆石，三葉蟲，及菊石，餘若箭石，腕足類，海膽類，珊瑚類，植物及椎脊動物，則祇能應用於一小區域。我人有化石及地層之根據，遂可在各處尋求古生物帶。至於欲知相距甚遠地方之聯誼，（如西歐與印度，美洲與澳洲是）則我人只有以分布較廣之海洋生物，或類似的及代表的物種爲根據，以求其大致的同年性。惟威廉

(H. S. William) 教授謂動物乃可他適，復現，及變改者，故我人在分帶時常不能將此種人爲的界限作嚴格之規定。

成立於廣大面積內之大地層系統之岩石，有其特殊之礦物性質。格立高里(G. W. Gregory)教授以爲此種現象，乃示我人以地球之主要變遷，乃由普遍全世界的原因所致。因之世界許多地方在同一時期內均以同樣之特殊的水成層佔優勢，故地文學所定地質同期性之界標，大概乃較古生物學所定者爲精確。

張伯倫（T. C. Chamberlain）教授於一九〇九年時，謂地殼分裂，實爲各處地質有關連之最後根據。地殼分裂一名乃指地殼之各種變動而言，而地層學與古生物學之發展，則多以不整合層侵蝕作用，陸地與淡水沉澱物，海洋沉澱物之疊掩，及其他各種現象所示之偉大地動爲推論者也。

至於生物生存於大地之記載，在太古界岩石中，尙未有正式證據。道森（T. W. Dawson）於一八六四年在坎拿大勞倫與岩層（the Laurentian rocks）中，發見一種類似有孔蟲之稱造之化石，名 Eozoön canadense，惟學者間爭論頗多，今則否認其爲有機體之構造矣。但最古岩石中既含有石墨，墨砂石，石灰石等，似是時已有生物存在之可能矣。

我人在前寒武紀之岩石中，確發見有含化石之證據；瓦爾可脫於一八九九年在孟他那（Montana）及大谷（Grand Canyon）之岩石內，發見闊肢鱟（Eurypterits）腕足類，翼足類，環節動物等之遺蛻。英國之滔立同砂岩（Torridon sandstone）中，有蠕蟲經過之穴痕，故生物發現，必在寒武紀之前，至於能否覓得確無疑義之化石，當然是一問題。下等動物之發現較高等動物爲先，拉馬克即持此說，而在理論上，亦頗可通。我人知有許多下等生物之形態，乃歷久而變化極微者，故現代植動物之繁歧，實較前爲更甚也。

達爾文，赫胥黎，腦馬爾（Neunayr）等，均謂地質紀錄之未臻全備。但生於水中之化石有機體之種類，則較近代已知之種類爲多，惟如昆蟲類能保存爲化石者甚尠。最古昆蟲似爲木蝨（Protocimex）見於瑞典之奧陶紀岩層中，負盤（cockroaches）則在志留紀時已有之，石炭紀層中亦有之。蜻蛉在石炭紀時已有之。

肺魚(Ceratodus)之化石，見於牛津邑三疊紀之最上部。此魚今昆士蘭河中有之。吳特瓦特（Woodward）云此魚之化石不存於在北美歐洲以及澳洲之侏羅紀以上之地層中，但在巴達哥尼亞（Patagonia）及北非之白堊紀之地層中，則尚有之。

關於腔腸動物之化石，一八九八年瓦爾可脫在阿拉巴麻（Alabama）中寒武紀頁岩中發見水母之印痕。一八二六年勃克蘭在英國侏羅紀層中，獲有箭石化石之標本，其墨囊保存甚佳；尚可用於繪畫。有許多物種在水中或陸上因腐爛作用，或地層中之溶解，或岩石中之變質而遭摧毀，故其遺跡之獲保存者，不過僅爲一小部分而已。

據地質上之記載所示，無椎脊動物乃先椎脊動物產生，而椎脊動物則按照等級之高下以發現，大致下等者先發見而高等者乃繼之，故其最先發見者爲類似魚類之無顎類（Agnatha）。但據吳特瓦特云，在魚類與無椎脊動物物間，尚未發見有何種聯絡。無顎類遺蛻乃發現於美國之奧陶紀層中，而眞正魚化石，則發現於志留紀層中。繼無顎類及魚類而發見者有兩棲類，爬蟲類，鳥類，哺乳類，以至人類。關於兩棲類之化石，道森（J. W. Dawson）於一八五二年在奴瓦斯高西亞

（Nova Scotia）之含煤層內之鱗木(Sigillaia)枝幹空隙中得Dendrerpeton。

泥盆紀爲魚類之時代，新紅砂岩系爲兩棲類之時代，第二紀（即中生代）爲爬蟲類之時代，第三紀爲哺乳類與鳥類之時代，第四紀爲人類之時代。

研究植物化石者，初有法人白隆尼阿德，德人斯叨坡（Count Sternberg）英人林特來（John Lindley）郝登（W. Hutton）等。時代最早之植物化石，似爲藻類（algæ）。愛倫坡(Ehrenberg)爲最先研究各種地層中之顯微生物之人，一八五四年，著有微生物地質學(Mikrogeologie）一書，其主要研究之結果，悉見此書。一八三八年，愛氏謂各種滴蟲土（infusorial earth）內包括多孔蟲及矽藻，後者即造成近世之矽藻土者是也。奧陶紀與志留紀層有石松類化石之遺跡，名頂生植物（Acrogens），但據西華特教授（Prof. A. C. Seward）云，藻類中之Nematophycus，實爲志留紀植物中之最可信者。

泥盆紀與下石炭紀層含有水生陸生植物，如石松與馬尾草之類，大概即爲最古之羊齒類；尚有兼具羊齒與蘇鐵之特徵之植物。又有高特木石（Cordaites），屬裸子植物，則似與蘇鐵及松柏二者有關。石岩紀之全紀，實爲頂生植物最盛之時代，最普通者如鱗木，封印木，蘆木等，尤爲含煤層中所最常見。石炭二疊紀以石芝朶（Glossoptetis），爲特著而與 Gangamopteris 與 Voltzia 及他種松柏科植物同發見。

中生代爲裸子植物最盛之時代，有時亦稱蘇鐵之時代。據西華特云，此際植物之性質，下自三疊紀，以上至白堊紀之始，均無變化。第三紀爲被子植物之時代，惟其中有數種已見於上白堊紀層。但施都柏斯（M. C. Stopes）曾在北歐之下白堊紀層發見之。

惟我人對於化石發見之歷史，僅可就以前未述及而又頗重要之椎脊動物遺蛻，略舉如後。在阿根廷（Argentina）新第三紀與第四紀層中發見哺乳類化石頗多，其中有大懶獸(Megatherium）與犰狳類之彫齒獸（Glyptodon），後者軀體偉大，全長被有長五呎之甲板，印度西華利克山（Siwalik Hills）有下部新統地層，一八三一年法爾可納（H. Falconer）與考德樓（P. J. Coutley）二氏發見與長頸鹿相近之四角鹿 (Sivatherium) 長約八呎之巨鼈（Colossochelys Atlas)，及他種脊椎動物。高屈雷(Albert Gaudry, 1827—1908)任巴黎自然歷史博物館之古生物學教授者有年以研究椎脊動物著名，一八五五至六〇年間在雅典（Athens）東北部採得大羣下部上新統之哺乳化石中有柱牙象（Mastodon），兇猛獸（Dinotherium），劍齒虎（Machærodus）等。

海軍提督施柏拉脫（T. A. B. Spratt）於一八六〇年在馬爾太（Malta）之洞穴中發見冰河時代之矮象矮海馬等之化石。倍特耐爾(H. J. L. Beadnell)與安特魯(C. W. Andrews)在埃及之法幼姆（Fayum）採得上部始新統與下部漸新統之原始等之化石。美國所發現椎脊動物化石之多，亦不下於他處。賚豆（J. Leidy），馬許（Marsh），柯潑（E. D. Cope），奧斯朋(H. F. Osborn)等均有採獲。美國康沙斯(Kansas)，可羅拉多(Colorado)華烏明（Wyoming）猶他（Utah）等州之第三紀白堊紀侏羅紀等地層中，歷年有無數之爬蟲類，鳥類，及哺乳類化石之發現，其中頗有骨骼偉大狀態特殊之動物。有一種食草之恐龍類名梁龍(Diplodocus)產於華烏明（Wyoming）之侏羅紀中，體長約八十呎。有一種能飛無齒之爬蟲類，名羽龍（Pteranodon）具雙翅，長二十呎。產於康沙斯之白堊紀中，該處及某某其他產生椎脊動物化石之區域，均面積廣漠不宜種植，僅沙漠地之石縫，間有野草之生長，且良水之取得亦至不易，故採集化石，艱苦殊甚。此種工作大部分乃出於斯叨坡（Sternberg）之手。

一七〇〇年熊書紹（J. J. Schenchzer）在奧寧根（Oeningen）之中新統上部淡水層中所發見一種化石，以爲係人類化石之遺蛻，據屈費兒之研究，謂爲一種爬蟲類或爲較現在日本生存者猶爲偉大之蠑螈。此標本現存哈來姆（Hoarlem）地方泰來博物院（Teyler Museum），更名爲熊氏鯢（Cryplobranchus Schenchzeri）。許茂林（Schmerling）於一八三三至三四年間，在里愛巨（Liége）附近之茂斯河（Meuse）谷沿岸之石洞內採得與穴熊，土狼，象，犀，牛等獸骨相混處之人骨，許氏以爲人類與此等獸類同屬一時代，但此等生於暖氣候中之獸類在是時可否生存，則許氏頗以爲疑。

關於巖穴中有機體化石之研究，勃克蘭在十九世紀之初，卽已進行。後又有潘格樓（W. Pengelly）等接踵繼起。一九〇三年道金斯教授（W. B. Dawkins）在拔格斯登（Buxton）附近，採得柱牙象及他種脊椎動物化石，但在不列顛岩穴中，則無上新統之化石發見。

先史期人類所製之石器，發現頗早，但尚未有知其重要者。一七九七年佛來爾(John Frere)曾將霍克斯泥(Hoxne)地方所發現之舊石器繪圖，並著文在古物學會(Society of Antiquaries)中宣讀，但後來因伊文思爵士(Sir John Evans)述及此事，始有加以注意者，然而英人置之若忘，業已歷六十年之久矣。

一八四九年法人拍忒斯(Boucher de Perthes, 1788—1868)有粗工石器之記述，此種石器，係在阿米安(Amiens)與愛排維爾(Abbeville)之宋姆河(Somme)谷間所採得者。石器所在地，爲未經翻亂之石礫層。拍氏此文祇有赫胥黎注意之。後法爾可納(Falconer)往晤拍忒斯。並參觀其收藏而樂之；乃勸普勒斯特尉赤(Sir John Prestwich)往該處作實地之考察。翌年四月普氏赴愛排維爾，知此等石器，果爲先史期人類之遺物，且與已經絕滅之椎脊動物一同發現。

以後學者在各地河谷地方之礫石層內搜集動物化石及人類之石器，頗爲努力，並知人類在地球上之發生，已較聖經中所稱者久遠多矣。惟以昔時代，則不能以年數計算，祇可視爲有一種相對的時期，而以山谷之侵蝕，石層之堆積，地文之變遷，動植物之殊異，以推定之，按已有之證據而論，在冰河初期，已確有人類，在上新統時或亦有之。

第八章　岩石學及構造地質學之興起

岩石學爲地質學之一部分，其研究之發展，乃使地質學得有最後的最大的進步。德人懷納對於地質學及礦物學均有莫大之貢獻，業已如第二章所述矣。學者對於岩石學之興趣，不能謂非懷氏所引起。懷氏逝世後甚久，學者仍努力不輒，尤以在德國爲然。因鑒察方法大加改良，及化學分析較前盛行，而岩石之最後成分，遂愈加明晰，愈易分類。惟我人對於岩石內部結構之知識，仍不甚完備，在晶粒較粗之岩石，其礦物之成分尚可立卽辨識，在結晶微細者，除備助於凸鏡及化學分析所推斷者外，其礦物之性質及結合，仍不能有所知。故岩石學之研究縱未遭停頓，然其進步則極遲滯。學者對於古生物學及地層學雖頗努力，但對於岩石學，則幾罕有注意者。惟我人欲知岩石學之進步史，則不能不述及聶部爾（W. Nicol）其人。聶氏爲蘇格蘭人，發明用方解石製三稜鏡，以偏光之法研究礦物之光學性。此物爲後來所用顯微鏡中不可缺少之要件。聶氏又發明磨製薄片之法。因此礦物岩石皆可在顯微鏡下研究之矣。聶氏初以木化石切成薄片，磨光後，以樹膠黏於玻璃片上，復將另一面磨光至相當透明程度，庶可察知構物之微細構造。聶氏製有許多化石及木之薄片。微德漢（H. Witham）曾將其中之多數薄片作有記述，而於一八三一年出版之植物化石之觀察（Observations on Fossil Vegetables）一文中發表，而聶氏製薄片之法亦可於此文中見之。故地質學者欲知岩石及礦物之構造，自有此種發明可資利用，詎意竟無人過問者，幾二十餘年。聶氏逝世後，所有器具及薄片，乃入於白雷森（Alexander Bryson）之手。白氏深喜聶氏之方法，故將薄片增加頗多，白氏又製成許多礦物及岩石之薄片，而使之表示罅隙中所蘊藏之液質。惟白呂斯德（Sir P. Brewster）及聶部爾對於此點，亦早已作有敍述矣。

後蘇倍（H. C. Sorby）見白雷森之收藏中有罅隙中蘊藏有液質之薄片而大悅，並謂如能繼續研究，必能引起重要結論，遂練習磨製薄片之法，因見雲母片石之薄片之新奇，乃益加研究，數年後，乃著成耑報，名晶體之顯微結構（On The Microscopic Structure of Crystals），而爲地質學開一新紀元。

於是岩石之微細結構，成分，及成因，皆能用顯微鏡發見之。火山熔岩所具之特性，與夫花崗岩等之岩漿，在地殼內部凝固之狀態，亦悉以明瞭。祇因方法過於單簡，而結果又極重要，以致學者未能立卽深信。蘇氏云，僅在野外好作大塊岩石之觀察之地質學家，將謂余所記述爲不可信，或謂所見微細，不足注意也。設生理學者亦以顯微鏡下之所見爲微細爲不足道，則生理學將如何發達；地質學者已有此等顯著之資料，猶敢謂祇有粗陋不完備之方法可應用乎？如有反對者，余必起而抗辯，余敢謂物之大小與事實之價值，並無一定之關係，而余所記述者，爲物雖小，但由此等事實而得之結論則甚大也。

戚克爾(Zirkel)教授對於蘇倍所用之方法極表同情，但遲至一八六三年始在維也納之科學會中，提及此種研究之方法，距蘇倍發表大著之日已五年矣。戚克爾自此以後，熱心研究岩石，有著作甚多，對於岩石學之進步，有莫大貢獻，而德人魯任布盧(Rosenbusch)與法人傅基(Fouque)賚維(Michel Levy)等所採用之光學研究法，亦極精確，故可使岩石學駸駸與古生物學爭勝矣。觀乎十九世紀後半期以來，岩石學著作之宏富，可知自有偏光顯微鏡後，地質學界實起一重大變化。此種進步，實爲聶部爾與蘇倍二氏所促成也。

一八九一年挪威學者福格德（J. H. L. Vogt）研究火成岩之岩漿中鐵礦之聚集及其因種種作用以在岩石間之分布，使我人對於鐵礦成因及岩漿固結時礦物結晶之程序之知識大有進步。一八八五年裘施（E. Suess）名大塊侵入岩爲「岩基」(Batholith)，裘氏初謂大塊侵入岩乃地殼變動時岩漿充滿空隙所成，至一九〇九年時則謂乃岩漿將圍岩融化吸收而成。美人吉爾勃(G. K. Gilbert)於一八七八年時名侵入各種地層之晶片火成岩爲岩盤(Laccolith)，謂其有爲地動作用而昇起者，有爲盤據空隙而生成者。哈格爾（A. Harker）謂深處地下之火成岩在地殼構造上作用之重要，殊較傾於地面之熔岩爲尤甚。

蒲內（T. G. Bonney）謂地殼基石（foundation stones）由極變質之火山岩，深造岩，水成岩，片麻岩，雲母片岩，角閃片岩，石英片岩，大理岩，白雲岩及其他多少結晶之岩石所組成。但賚維則以爲此等岩石均不得視爲眞正原始岩，阜伯斯（George Forbe）謂地質史可謂乃成於太古界，再古則無由究詰矣。結晶片狀或剝理之岩石之成因曾久經學者之討論，但直至後來乃斷爲區域變質及接觸變質時之地動作用，與火成岩之侵入岩合力造成；塊狀岩石在地殼有變動，捲褶，及有差異運動時，遂因機械作用與化學作用而有變象及再度結晶。一八三五年塞治尉克謂板岩中之劈開面乃因性質均勻之頁岩經過大壓力之結果，而與構造之成層作用無關。露伸（K. A. Lossen, 1841—1893）爲討論動力變植作用之新見解之先進。

討論山脈一般構造之文字，以愛里特蒲孟之著作發表最先而又重要。愛氏之著作出版於一八二九年，後修改多次，至一八五二年，而山系總論（Notices sur les Systeme de Montagnes）一書告成。書中敍述歐洲山脈之普通方向，及地動時期，並斷定若干山脈乃條然隆起，如爲同時代，乃依平行方向而行。愛氏謂阿爾卑斯山在第三紀時，昇起數千呎，而庇里尼斯山經過數次之隆起。地質史期內有幾次長期休靜之時代，及幾次短期劇烈變動之時代。每逢上昇時，有機體亦隨之變遷。

一八三七年赫雪爾（Sir John Hershel）謂岩石在廣大面積上堆積甚深，亦可發生地殼下降運動；此種見解頗引起學者之注意，以爲剝削作用亦可以發生上昇運動也。

一八四二年羅傑士弟兄（W.B. and H. D. Rogers）首先記述美國東部阿帕拉契安

(Appalachians) 山脈之大褶曲及斷層，因此可知古代地層能覆於新朝地層之上而成擲測斷層。

研究阿爾卑斯山之構造者，實名家輩出。日內瓦大學地質教授法佛爾 (Alphones Favre, 1815－1893) 乃爲其中之一人；瑞士漢姆教授 (Albert Heim) 研究阿爾卑斯構造之摺疊，逆斷層，及扇形排列，極爲詳盡，著有山脈成形之機械作用 (Mechanismus der Gebirgsbildung) 一書。

第九章　結言及中國地質學研究之經過

讀本書以上各章所述，可知有二顯著之事實，頗值我人之注意：一、地質學家不必以地質學爲原有職業，斯退諾，郭塔特，非虛賽爾均爲醫生，密昔爾爲牧師，毛卻生爲退職之軍人，白隆尼阿德始爲瓷窯中之監工，斯密史爲百忙中偷閒治地質學之工程師，他如郝登，翟爾，索緒耳，布虛，來伊爾，達爾文等均富有資產，但以懶惰生活爲恥，故耗其金錢以作地史之研究。柏勒弗亞與屈費兒均爲他種科學之教授，而在不知不覺中爲地質學問題所吸引。眞正純粹之地質學家，祇有懷納塞治尉克露根數人。本書所舉，僅屬少數之著名地質學家，以與全數地質學界之人物爲比例，而能稱純粹之專家者，當然更屬少數。可知地質學之基礎，不論何人，多作有貢獻也。往者如此，來者亦何莫不然。祇須確有志趣，努力將事，則改造舊業，創立新基，均無不可。此種奢望，縱令不易達到，祇能忠實奉行，何患無成。

二、地質學知識之成熟，須經悠久之時期。自經屈費兒，白隆尼阿德，斯密史諸氏詳細研究後，經過多年，而地質層序之概念乃以產生；如今日所應用之第二期第三期地層之細分層次，均係經過若干年後所能排定。自地層學之原理成立後，越二十餘年始獲應用於過渡層。玄武岩成因一問題爭論不息，費時頗久。火山作用爲地球動力之一，歷久始經承認。特馬來斯，索緒耳，郝登諸氏在十八世紀時，已對於地形學有所論述，但其工作，遲至十九世紀之末，始有人加以注意，重爲整理。至於岩石內部結構之研究，情形亦復如此；聶郜爾發明偏光鏡後，二十五年後始經蘇倍喚起地質學家注意，又五年後，德國方用之，遲之又久，全球各處乃用之。由是可知眞實之生機，固可永久不滅，但其長大需時，不因播種甚早，卽有收穫也。惟前人之工作，乃後人所時宜注意，因學問本繼續進展而無止境，前人所作之貢獻，僅爲後人向前更進之蹴石故也。

再本書所述，以二十世紀之初爲止，在此期內，我國尚無地質學史之可言。蓋嚴格言之，國內大學，自有地質學教育，爲時至短，中國既爲科學研究落伍之國家，今欲直追繼起，總須經過下列之時期：一、留學外國，將其心得授諸本國學子，或延聘外國著名學者爲本國大學教授。二、設立完備之研究機關。現代科學進步，研究所需之參考圖書，實驗儀器，非個人能力所能置備，須有公共機關爲之協助。民國二十年以來，內爭不息，政無常軌，創立研究機關，籌備經費，尤貴政治手腕，至於學識優長，能力充實，則反視爲第二要素；故在此種情形之下，而欲人才之能養成，及研究之有成績，當然不甚易易。三、政府及社會承認此種研究爲必要，而大學校中之教授，不獨以教務爲職志，且有餘力專心研究。誠能如是，則現代外國地質學界所處之形勢何以異焉。但我國地質學之教育及研究，雖有二十年之歷史，而其所經歷之過程，則猶在第二期。第三期之情狀，祇略見萌芽而已。至於在此短時期所得之成績，在品質方面及數量方面，均稱圓滿，此則尚差強人意耳。惟我國青年總以缺乏大師之指導，因之其進步遂往往不若外國青年之速且易，故今後之需要，尤其在眞正學術領袖之培養也。

參考書目

1. D'Archiac: Histoire des Progrés de la Geologie de 1834–59, Paris, 1847–60.

2. Bonney, Professor T. G.: Charles Lyell and Modern Geology, London, 1901.

3 Clark, J. W. and T. Mck. Hughes: Life of the Rey, A. Sedgwick, 2 vols. Cambridge, 1890.

4. Clodd, E.: Story of Creation, London, 1906.

5. Conybeare, Rev. W. D.: Report on the Progress of Geological Science (British Association for 1832).

6. Fitton, W. H.: Notes on the Progress of Geology in England (Edin. Phil. Mag.) 1833.

7. Geikie, Sir A.: The Founders of Geology, London, 1905.

8. Geikie, Sir A.: Life of Sir R. I. Murchison, two vols. London, 1875………
Founders of Geology, London, 1905.

9. Gordon Mrs.: Life of Buckland, London, 1894.

10. Groth, P.: Entwicklungsgeschichte der mineralogischen Wissenschaften, Berlin, 1926.

11. Hutchinson, R. V. H. N.: Extinct Monts and Creaturs of Other Days, London, 1910.

12. Kerferstein, C.: Geschichte und Litteratur der Geognosie, Halle, 1840.

13. Kabell, F. von.: Geschichte der Mineralogie von 1650–1860, Munich, 1864.

14. Lyell, Mrs.: Life of Sir C. Lyell, two vols., London, 1881.

15. Margerie, E. de: Catalogue des Bibliographie geologiques, Paris, 1896.

16. Merril, G. P.: The First Hundred Years of American Geology, Yale University

Press, 1924.

17. Phillips, J.: Memoirs of Wm Smith, London, 1844.

18. Pamsay, A. C.: Passages in the History of Geology, London, 1849.

19. Rudler, F. W.: Fifty Years' Progress in British Geology (Proc. Geol. Assoc., x, 1888); and Experimental Geology (Ibid, xi, 1889).

20. Schvacz J.: The Failure of Geological Attempts made by the Greeks, London, 1868.

21. Sternberg, C. H.: Life of a Fossil Hunter, London, 1909.

22. Topley, W.: The National Geological Surveys of Europe (British Assoc.) 1885.

23. Whewell, Rev. W.: Report on the Progress of Mineralogy (Brit. Assoc. for 1832); and History of the Inductive Sciences, London, 1857.

24. Woodward, Dr. A. Smith: Outlines of Veriebrate Paleontology, Cambridge, 1898.

25. Woodward, H. B.: History of the Geological Society of London, London, 1907

26. Woodward, H. A.: History of Geology.

27. Zittel, K. A. von: Geschichte des Geologie und Palaontologie, Munich, 1899. (English ed. by Ogilvie-Gordon, London, 1901).

中華民國二十三年 四月初版 六月再版

（一一九七六）

百科小叢書 地質學小史一冊

每冊定價大洋貳角伍分

外埠酌加運費匯費

著作者 葉良輔

主編兼發行人 王雲五 上海河南路

印刷所 商務印書館 上海河南路

發行所 商務印書館 上海及各埠

二九八五上

商

版權所有 翻印必究

發行所 [illegible]

印刷所 [illegible]

發行人兼主編 丁[illegible]

著作者 李[illegible]良[illegible]

[illegible]

中華民國三十三年六月初版

多爾脫著
杜若城譯

科學叢書

岩石發生史

商務印書館發行

目次

第二章　火成岩之產狀

第三章　火成岩之構造

第十四章　化學沈澱岩鹽石膏及硬石膏之生成……二〇七

岩石發生史

導言

吾人在探究一自然物體之初，無不以該物體之發生，爲首應解決者之問題。在探究岩石時亦然，如最先探究岩石界者之亞理斯多德氏（Aristotles）當初卽以岩石如何發生一問題自問。該氏憑岩石生成上的理由，分岩石爲火成的與水成的兩大類，然此無非言岩石之大別已耳。至對於某一岩石之發生，是否屬於火成的或水成的，自當研究一方法以決定之。

在未得精密方法以前，對於一岩石發生之問題，無不議論紛紛，莫衷一是，如對於花崗岩及玄武岩之發生，不知經若干年之爭執。研究此問題者，固不乏宏才大略之人，然終不免得如哥德氏所謂『消光陰於爭執』之結果。昔日之所以對於玄武岩之發生有不少爭執者，乃因未能指出玄武岩中之玻質物；若當時果有適當之方法以指出之，則對於玄武岩之發生，決無問題，然欲達此目的，必需另闢探究之途徑而後可。

最先須探究者厥爲岩石之性質。迨其礦物成分及化學成分與其地質的產狀一經明瞭以後，其在成因上之研究自不難繼是而發展。岩石如何生成之問題，必當列在兩個較重要的問題之後此兩個問題卽何爲岩石？及與其他岩石之關係如何？然在探究岩石一切問題以前，首須定出研究方法，練成一種藝術自顯微鏡下的研究發達以來，許多在成因上之爭執，遂迎刃而解，且關於成因之諸項問題亦連帶解決；一方面由比較多數岩石之化學性及礦物性，其在生成上相互之關係，於是明瞭。一方面因利用從化學及物理學導出之方法，吾人得能在研究岩石生成之工作上，達到良好之結果。凡五十年前因缺乏岩石知識未能解決者之問題，目下已圓滿解決之矣。然就別幾點言吾人目下之知識仍在萌芽時代。凡導吾人解決岩石諸問題之途徑不但滿地荆棘，益且遙遠。況吾人不願再以由推想而得之結果爲滿足，故祇得本地質的或純粹岩石的思想逐步研究之，並如研究物理學及化學然，尤當作適當之實驗。

在討論一問題時，且當注意不可使細微事物之範圍過分放大，如當研究岩石時，不必就每一岩石之個體設想，但當舉出依規則聯絡者之諸重要岩羣全盤討論之。本書係就岩石狹義而講，故礦物及石炭一概除外，尤其恐是書之篇幅過於擴張也。

第一章　地球內部及火山作用

地球內部之性質，迄今天文學者地質學者及物理學者尙徒勞而不能解決。至對於地中物質之分配及溫度之情况目下亦祇有若干假說可資參考已耳。地中溫度之情况在地質學中誠爲一切要問題吾人若能一旦對於此問題搜得較目前爲佳之資料，卽不難對於地面下深處地層之綜合狀况下一個切實意見。本書中對於地下增溫率（goethermische Tiefenstufe）不容作詳切之討論。是處所能說者，則以爲由觀察至深不過達二〇〇〇米淺處之所得（況觀察又不一致），而定每三〇米增攝氏一度之增溫率，並由此以揣測地球內部之溫度誠屬鹵莽。現今所定之增溫率似僅對於近地面之地層適用，而地球內部溫度之遞增，當較爲緩慢也。

希姆斯達氏（Hinstedt）曾提出地球中諸成分之放射性是否能用資解決地熱之問題，此問題本多夫氏（Benndorf）在美蘭（Meran）召集之自然學家及醫學家聚會中亦提出之。李勃拿氏（C. Liebnow）昔日計算地層之傳熱能力爲每秒中〇・〇〇六糎，而對於增溫率，該氏認定每增深三〇米地溫至少當增加一度；從地球內部放出之熱量，每秒鐘約爲萬兆（一〇〇〇〇〇〇〇〇〇〇）瓩卡路里。該氏以爲此熱量係從放射性物質中放出。據著者之見解，鐳素恐祇存於近地面之地層中，李氏之言論，恐不落當，蓋如是溫度之增加祇以近地面之地層中爲限，然此則與事實不符。

施都倍爾氏 (A. Stübel) 堅決否認每增深三〇粎地溫至少當增加一度之增溫率。該氏憑正當之理由，認近地面淺處之增溫率與在地中深處之增溫率不同。在離地面一五粁至五〇粁之地層下，其增溫率恐三倍或五倍大於今日在地層浮面所覺察者，如是在離地面八〇粁之深處，岩石即可熔融，縱使有岩石熔點隨深度而增加之關係，然在二百粁深處之岩石無不皆在熔融狀態中。此數或尚嫌大，惜無確實的事實以作張本耳。

融點隨壓力之遞增。凡因熔融而膨脹之物質，其融點莫不隨壓力而遞增。包魯施氏 (Barus) 曾由實驗證明輝綠岩之融點，每增一氣壓當遞增〇·〇二五度。在一萬氣壓或在與之相當之三七五〇〇粎厚之地層下，此岩石之融點當在一三五〇度（一一〇〇度加二五〇度）。然此計算非完全可靠，蓋溫度不與壓力爲比例的遞增，故其所估計之融點當遙過實際之當有者。塔曼氏 (G. Tammann) 由試驗多種容易熔融之物質之結果，證明物質融點之遞增率，迨物質所受之壓力達某種程度後，即迅行減少。吾人雖未曾見過一種表示硅酸鹽類融點與壓力之關係的曲線，但知其斜急無疑也。

融點之遞增率在高壓下變小，其時熔點且立即達其最大之數；嗣後融點線取向下之方向，而融點於是反因壓力增加而遞減，故最重要者，乃在知物質之最大融點及當時之壓力。塔氏曾由實驗而得甲基丁醇(Dimethyläthylcarbinol) 之最大融點，並測得當時所用之壓力爲四七五〇氣壓。該氏並測定炭酸在最大融點時所受之壓力爲一三〇〇〇瓩。

融點隨壓力之遞增率，自然視物質而異，但就曾經實驗者之諸物質而言，其數不出於〇・〇〇九度與〇・〇三度之間。對於岩漿（其中之水分亦注意及之）之遞增率，吾人倘無張本可資引證，且不知其最大融點是否在四萬氣壓或十萬氣壓下而發生，職是之故，其最大融點是否比較在一氣壓下當高二百度或五百度或猶過之，實無從決定。至最大融點實現時之深度，能在地面下一五〇至三〇〇粁之間，而第一數似較近實際。準此，地殼之固體部分可有百粁之厚，但至深在三〇〇粁處，岩石定必熔融，故岩漿所在地之深度決不如當初所料想者。許多地質學者當初亦同物理學者共認地球爲一完全固體。若輩之所以抱如此之見解者，一則因信物質之融點隨壓力而具繼續遞增性，一則因以爲一個薄的地殼是一種不可能的事。吾人現今已知地中存有一個最大融點，並知自某一深度以下，地球內部必在熔融狀態中，其岩漿質具有極強黏着性，而在多數特點上，與固體無多大差別。在固體與具黏着性之岩漿間，每有與固體相近似之過渡岩體。

最大融點實現處之探究，雖極重要，但現下所得者，不過相差遙遠之數限界而已。華脫氏 (J. L. Vogt) 曾言包魯施氏所得之結果並非眞確，蓋當該氏示溫度隨壓力而遞增時，其①公式中所假定之熔融熱比實際要大五倍，依此每增一氣壓，融點之遞增不過爲〇・〇〇五度。包氏所假定之熔融熱之過高焉，固早已有人提及之，然華氏之計算是否眞確，亦不無疑問，對於此疑問，祇能由實驗直接解釋之。

❶ 此公式爲 $\frac{dT}{dP}=\frac{(V-V_1)T}{q}$ 其中T爲絕對溫度，q爲熔融熱，V_1 V爲固體與液體之體積。

火山源

一個與前節直接相關之問題，卽爲在熔融狀態中之地球內部能否與地面相連絡是也。吾人一方面雖不以直接的連絡爲可能，但一方面若謂其各種連絡絕對不可能，則火山作用恐不得實現。岩漿未必沿直接通達地面之裂縫從一五〇粁至三〇〇粁深處昇達地面；火山源之所在當不爲如此之深也。吾人對於直接的火山源（卽次生火山源）與原來的熔融內部（卽原生火山源）應加以區別。直接的火山源恐係存在二五至三五粁厚之水成岩層下，其中所含之岩漿係從熔融內部噴出而爲火山第一次破裂後之產出物，其質恐甚輕，並富石英，故與花崗岩之岩漿相似。在此層以下，則爲另一岩漿層，此層因壓力關係，其熔點增高，故爲固體。

據施都倍爾氏之意見，以爲在地中存有一種厚約五〇粁之岩漿層，致熔融內部與地面之連絡爲之隔斷。該氏揣想在地球構造史中，當有一個火山作用全盛之時期，此時期必遠在太古代以前。當時火山物之產出因過於旺盛，致地面與熔融內部之連絡全然停止；結果，此後火山作用自必停息。施氏並信在此岩漿層中，當有一部分岩漿迄今尚在熔融狀態中。此岩漿層因存在一百粁以下之深處，其溫度係近融點，故其所受之壓力若因上面岩層之剝去而減少，則岩漿之溫度必達融點，而此岩漿層則變爲可迸達地面之熔融體矣。在施氏之見解中，故亦認有一種次生火山源。

當解釋火山作用時，吾人卽利用此種在一定深處存在而有近熔點溫度之岩漿層，並認當上面之壓力一部分減去時，此岩漿因熔點降低變爲熔融體，岩漿自變爲熔融體後，卽能流動，且因受其中所含之氣體之壓迫，能沿岩石中裂縫上昇。至當時所必須之一部分之壓力之減去，爲地中構造作用之一部分的結果。熔融岩漿與其所含之氣體皆具有腐蝕性；氣體有與吹管火同樣之作用。

緣邊火山源

地中岩漿層與原生火山源之連絡，無論謂其現今已完全斷絕，或謂藉構造作用尙可連絡，或謂不多時以前曾經連絡者，然無一不許人意料在地面下二〇至一〇〇粁深處，存有多數岩漿豬瀦或緣邊火山源。此意見多數火山學者皆公認之。對於緣邊火山源之深度，雖有人曾作一度之實驗，然所得之結果不免具有幾分假定性。大多數火山源有在五〇粁以上之深度，如克剌卡士亞（Krakataua）火山源之深度是；又羅蘭氏（deLorenzo）以爲牛華山（Monte Muovo）火山源之深度尚不達一三〇〇粎。又據撒排的尼氏（Sabatine）之計算，火山源之深度當在一五至六〇粁之間，緣邊火山源中之岩漿受壓迫而上昇；若在上層中有裂縫存在，則是等裂縫爲之塡充；若當時岩漿之膨脹力極大而抵抗力較小，則發生火山之爆發現象。火山之地理的分布既然依地面上之斷裂帶，則固體岩漿自必因減受壓力而熔融。

因所受之壓力減小，地中固體岩漿層熔融並向上移動，但未能卽昇達地面。此岩漿逐塡充於預先存在之岩隙中，致發生緣邊火山源，卽實際的火山源是也。

當固體岩漿層中之岩漿由極深處（約在地面下一〇〇粁）上昇時，直接在上層之岩石首先感熱而熔融，較上層之岩石因岩漿之溫度當達此層之際，已不如在深處時之高，故所受之影響有限，然在深處之地層，因是種岩漿之侵入感受極劇烈的影響。

據施都倍爾氏之揣想，以爲緣邊火山源已不與地中熔融內部發生連絡，且謂二者間之斷隔係始自極古之地質時代。此揣想以不能迎合各種理由，恐非可靠，蓋吾人頗難望此種岩漿瀦溜能歷如此久長之時期仍保其較四周爲高之溫度者，其岩漿勢非如四周岩石然，共變爲固體不可；且瀦溜中之岩漿亦須告罄，結果火山作勢必逐年消衰，然回顧第三紀時之火山作用，似適與此相左。施氏假說之所以不能立足，卽以此故。其假說不能說明火山作用之輪迴。對於多火山現象之第三紀，該氏則以災變期目之。

岩漿之能否昇達地面自然當視其現今所在處之深度。若如亞漢尼歐司氏（Arhenius）然，假定熔融岩漿之所在係在四〇粁以下，則岩漿之上昇尚不成問題，但此數必定較實際爲小，蓋即在一〇〇粁以下恐難望有岩漿存在。岩漿之從如此深處以達地面，誠爲一個疑問。

緣邊火山源或岩漿瀦溜之存在，天然爲一個假定。吾人雖可揣想在地面下之固體岩漿層中尚有一部分岩漿未曾凝固，而以後充塡緣邊岩洞者卽爲此部分，但此恐不可能，蓋吾人實無從明白爲何一部分岩漿當有異於別部分也。地中內部之岩漿或許有向上移動之傾向，並利用地殼中之裂縫而塡充於近地面之洞穴中，成爲近地面之瀦溜或緣邊火山源，其中所含之岩漿可由地球內部源源給濟。多年在活動中之火山勢非有持久之給濟不可。觀此，地面與原生火源雖無直接的連絡，然原生火山源確與次生火山源發生相當之連絡。

許多地質學者對於岩漿沿地殼中罅裂之上昇，唱反對之論調。若輩所持之主要理由，謂地殼具有極大厚度，並謂岩漿在深處具有可塑性。對於地殼之厚度吾人所知極微，據新近理化學的理由，不必假定地殼有自五〇〇以至一〇〇〇粁之厚度，因岩石融點有其最大限度，此數目恐難免過大。反對派以深處地層具有潛塑性爲理由，否認岩漿能逐漸穿過一〇〇至一五〇粁厚之地殼或至少昇達地面下二〇粁至六〇粁深處之洞穴中。洛爾氏（Löwl）、翁斗氏（Günther）等曾特行聲明不認地中存有罅裂之可能，蓋在岩漿未及侵入罅裂中以前，罅裂必早已閉合也。物質在高壓下之可塑性既已無多大疑問，故深處之罅裂頗出人意料。岩石如其他物質，然固具有可塑性，然此非在極深之處不能發生。對於爲可塑性所必須之壓力，迄今尙無實驗，然必甚大。準此以觀，地中罅裂雖不能通達地中極深之處，然能通達深處。在壓力較小之處，亦卽爲可塑性停止之所。

據密爾許氏（Milch）之意見，以爲欲解釋褶曲山中常見之深成岩大塊，不必假定從地球內部有通達褶曲部分之罅裂，因經壓迫作用，岩漿亦能被逼而昇達密度較低之處。由測驗而知在褶曲山下之地殼部分呈疏鬆狀態，是處密度低下。凡褶曲山幾無一不呈低下之密度，而在最高褶曲山下，亦卽爲密度最小之處。

岩漿之上昇係爲解釋火山作用之必要條件。岩漿迨所受之壓力減低後，卽有昇達地面之傾向，且能塡充孔穴。在是種狀況下，原生火山源中之岩漿卽有昇達地面處之機會，而發生次生火山源。在次生火山源中之岩漿以後經擾動而達地面。

同時一方面認地球爲在固體狀態中，而一方面解釋火山作用者，亦有其人。萊耶氏（Reyer）認當地面發生罅裂時，固體岩漿卽變爲熔融體，且因所含氣體膨脹之結果，致向地面上昇。各種假說如：（一）固體岩漿，（二）在四〇粁深處變爲熔融體之岩漿，（三）在一〇〇至三〇〇粁深處變爲熔融體之岩漿皆認火山作用可由岩漿之上昇解釋之。然熔融岩漿體之所在不能假定過深，否則藉罅裂以與地面之連絡勢必難以維持，因據別一假說言深處之罅裂，因可塑性之關係，頗難發生。

岩漿上昇之原因

對於岩漿上昇之原因，意見紛歧。岩漿飽含氣體（其中尤以水蒸氣爲主），在高溫時，此種氣體發生與吹管火同樣之融解作用，致一部分固體岩漿融解。岩漿若經構造作用被壓迫而上昇，則在上面之岩層易被融解，岩漿至是能逐漸昇達地面。

就火山依地面上罅裂而排列觀之，火山岩漿上昇之主要原因似爲從地面開始之造裂作用。此種罅裂能否深達地中，吾人雖不得而知，但此問題與造火山之作用想無甚關係。在發生罅裂之處壓力定然不大，其在下面深處之岩漿於是變爲熔融體而昇達地面。

施都倍爾氏曾倡別種學說以解釋火山之生成。其學說係以由一次或至多二次破裂所成之單成火山爲根據。據此說言，火山之生成，係出於緣邊岩漿源，且謂衹由一次破裂生成之火山，其源決不在極深之處。此誠如其言，但緣邊火山源自身爲一種次生火山源，而係由深處岩漿昇達上層時發生。單成火山雖定能由此種緣邊火山源發生，但其數斷不能如施氏所信之多。維蘇威與伊的那皆非單成火山。單成火山其實爲一種例外，蓋火山峯普通係由多數破裂而非單由一次破裂所成也。

施氏並謂火山源完全各各獨立，其實獨立火山源世界只有幾處，例如伊的那火山源不必與維蘇威或判忒勒利亞(Pantellaria)之火山源相連絡，各地噴出岩性質之不同，卽爲其確證，然如加納黎(Canarien)或威德(C. Verde)等火山羣島之發生，恐不能認爲出於各個完全獨立之火山源，而似出於一個共同之火山源。

岩漿之爆發能力

據許多地質學者之觀察，岩漿之爆發能力係爲岩漿所固有者。尼斯氏(Nies)曾聲名硅酸鹽類因凝固而膨脹。岩漿或自身有膨脹能力或受氣體之作用而膨脹。然岩漿之體積縱使因膨脹而增加，其增加之量亦不過百分之五或至多百分之一〇。此微微之膨脹至多能使岩漿沿罅裂上昇至謂四〇粁厚之地層亦受其影響而破裂，似非在情理之中。

火山岩漿凝固時之情形　硅酸鹽類爲熔融時體積增加之物質。至熔融時體積減小之物質，其實只有冰與鉍二種。包呇施氏之試驗證明凡在熔融狀態中之非晶質硅酸鹽類概較結晶質硅酸鹽類爲輕，他如特維爾氏(Deville)蘭姆斯堡氏(Rammelolerg)及俾索夫氏(G. Bischoff)之試驗亦爲同樣之證明。

摩善氏(Moissan)最新近之試驗證明凡飽含碳分之鐵能因凝固而膨脹，但純粹之鐵則無此特性。

著者曾以浮游法試定液體岩漿之密度，但在一一〇〇至一二〇〇度時之密度則不注意。茲將所得之結果列下：

	普通輝石(Augit)	橄輝玄武岩(Limburgit)	伊的那熔岩(Ätnalava)	霞石岩(Nephelinit)
固體之密度	三·二九——三·三	二·八三	二·八三	二·七三五——二·七四五
熔融體之密度	二·九二	二·五五——二·五六八	二·五八六——二·七四	二·七〇——二·七五
凝固熔融體之密度	二·九二——二·九五	二·五五——二·五六八	二·七一——二·七五	二·六八六

台立氏(Daly)曾計算數礦物之在一四〇〇度時之密度，其所得之結果表示迫其中錯誤糾正以後，熔融體之密度無不較固體之密度爲小；準此，硅酸鹽類能因熔融而膨脹。

然在高壓下之情形究若如何？依據本書第六面之公式，知在最大融點時，V與V_1相等，當時體積上不生變化。若壓力增加，則情形變遷，岩漿之體積反因凝固而增加；在地中壓力固隨深度增加，但因溫度隨深度而增加之關係，岩漿之凝固殆不可能。在緣邊火山源所在之淺處，岩漿凝固時在體積上不發生變化。

氣體之狀況　岩漿飽含氣體，而氣體當岩漿凝固時放出之事實，已於一八三四年時引起傅納氏

(Fournet) 之注意。岩漿中氣體之張力能因溫度低減而增加，例如在食鹽飽和熔液中，食鹽因溫度低降成結晶而折出，蒸氣之張力亦同時增加。當岩漿凝固時其氣體張力能惹起爆發現象，但就吾人所知，恐祇以在逼近地面之岩漿中爲限。

岩漿凝固時又散熱，其中所含之氣體之體積因之增大；岩漿臨凝固時之復明，卽緣於其所散之熱。至謂氣體張力稍稍之增大爲造火山作用中諸重要現象之原因，則實爲一謬誤；但如副噴火口、小火山等生成之諸次要現象或緣於此。

火山破裂後，水蒸氣之放出係爲硅酸對於水在各種溫度時之關係的結果。水在一〇〇〇度時爲一強酸，而能代硅酸化合物中之硅酸；迨溫度低降後，發生相反之作用，水被硅酸代替而放出。

據舊日之觀察，地面水（卽循環水）似與火山之生成有關，如亞漢尼歐司氏今日仍抱此種觀念。然爲解釋火山作用起見，以氣體在各種壓力下之情態已足以應付；岩漿由深處之上昇不必有與地面水發生關係之必要。火山作用本與地下水無關，有之，當迨岩漿昇近地面處以後，當時水因與岩漿接觸變爲水蒸氣而助長火山之爆發。

因後者之關係，岩石對於水之滲透性遂成爲一個重要問題。因岩石具滲透性之關係，水不但在上面岩層中，卽在極深之處亦有之，如在地中內部，倘可料有水蒸氣存在。水蒸氣亦能滲透岩層。

其他一個重要之問題，即火山岩漿中之水及氣體是否在離解狀態中是也。物質離解之程度係隨溫度而進步，並背壓力而減。香德利安氏(H. L. Chatelier)以爲二氧化碳在火山源中不呈或僅微呈離解狀態，縱使有一氧化碳分出，然此定必復在噴口內結合，因在火山噴口並不見有一氧化碳噴出也。在稍深之處，因溫度尚非極高，不能發生劇烈離解作用，反之，在極深之處，因溫度極高，氣體及水蒸氣恐皆在離解狀態中。至究竟如何，則尚未明瞭。

吾人從前認造山作用與火山作用有直接之關係，然至今日已不如從前之固執。羅夫萊芝氏 (Rothpletz) 即謂造山作用之時期不與火山作用之時期相同，故不認造山作用與火山作用有直接之關係，其理由在因火山作用不發生於造山作用強盛之時，但發生於其衰敗之日。溫香克氏 (Weinschenk) 稱隨造山作用而發生之動力作用能使巨塊岩體破爲碎塊，使岩層間之結合放鬆，並使岩石中發生弱點；在熔融狀態中之岩漿能沿此種弱點侵入岩石中並掀起之。片岩層因有岩漿侵入能發生山岳。片岩層被岩漿侵入後，其頂部崛起，例如在白山 (Montblanc) 見之。

地中物質之分配　地中物質之密度係與地面物質之密度不同，且必隨所在處之深度而異，其愈在深處者密度愈大。依據希爾梅氏 (Hilmert) 實驗之結果，配克氏 (Penck) 決定粗面岩質岩石係在一〇〇秆深處存在，玄武岩約在一倍於此之深處存在。此意見究竟真確與否，不便主張，然或真確亦未可知。蓋當地史

初期物質尚爲氣體時（今日之地球內部或尚爲氣體，）氣體仍依比重爲一度的分離，而較重之物質即藏在地球內部。❶

❶ 玄武岩中是否含有鐵質迄今尚未解決，然多可能性。在歐活發克（Ovifak）所見之玄武岩中之鐵質雖極似隕鐵，但細察之似隨玄武岩昇達地面。

維修氏（Wiechert）之工作對於地中物質之分配，誠極重要。該氏不贊成密度增加即爲壓力增加之結果，並謂地中不同之部分當含有不同之物質。該氏謂地層愈深處含鐵分亦愈多，並主張地中含有一個鐵質固體地核。勒斯迦氏（W. Laska）主張地球不爲近均一質之鐵質地核及地殼所成，但謂從地殼以達地核在物質上具有連續性。

熔岩之溫度　熔岩含有水及其他能使其融點降低之物質，但此種物質爲量不多。職是之故，熔岩流之溫度時常反較其熔點爲低，如維蘇威岩流之溫度爲自一〇〇〇以至一〇七〇度，而其臨凝固時之溫度，則在一一〇〇度以上。

施爾韋斯脫利氏（Silvestri）曾驗知伊的那熔岩之溫度，尚不足使一銀絲熔融；其溫度係在九六〇度以下（熔岩之融點，則約在九八〇度至一一〇〇度之間。）在勒伯浪氏（de Lapparent）之地質學中，載有巴托利氏（Bartoli）之敍述，其中稱伊的那熔岩之溫度，當一八九二年時，在離噴口最近之處約爲一

○○○度。

熔岩中之水能如礦化物然使融點低降。據萊耶氏之觀察，火熱之熔岩滓一入水中，立時熔融；然若擲在熔爐中，依據斯伯萊善尼司氏(Spallanzanis)之實驗，勢非在半小時或更遲後，不能變爲熔融體。洛夫氏(J. Roth)則抱另一種見解，而謂若水果能使融點低降，則此特性爲何尚不見用於工業中，諒其非完全成事實也。至熔岩融點因遇水而低降之程度，則不瞭然。

火山源之溫度　今假定有緣邊火山源於離地面二〇至六〇粁之處，並從噴出之熔岩以計算緣邊火山源之溫度，由熔岩之溫度，於是推測火山源內部之溫度亦不能遠過熔岩溫度數百度以上，例如維蘇威火山源之溫度由推測而知其爲自一四〇〇以至一五〇〇度。吾人從熔岩中之白榴石或橄欖石（此二者皆在地面下生成）亦可約計火山源之溫度，蓋此二種礦物非在一三三〇度或一三七〇度不能熔融。如若在淺處生成，其融點就當地之壓力而言，不過較在地面增高一〇度至二〇度；如若在深處生成，其溫度亦不過增高一〇〇度以至一六〇度，故無論在淺處或深處生成，其溫度當在一四〇〇度以至一五〇〇度之間。

又從岩漿中結晶之腐蝕現象觀之，岩漿在其融點度時，其融解作用有限，迨岩漿之溫度增高二百度而至少有一二五〇度至一三〇〇度後，其融解作用略強；此溫度亦必視當時之壓力爲相當之增加，於是復有一三五〇度至一四〇〇度或一五〇〇度之高。從各方面觀之，維蘇威火山源之溫度，故能有自一四〇〇度以至一五〇〇度。

又以火山中不含一氧化碳之事實亦可約計火山源之溫度。如若火山中之溫度為在三〇〇〇度左右，此氣定必發生；據沙德利安氏之計算在三〇〇〇度溫度，一〇〇氣壓下，其量為百分之一〇；在一五〇〇度溫度（此溫度恐卽為火山源之溫度，）一氣壓下，其量為百分之一，一〇〇氣壓下為千分之二。

就吾人觀察所及，尚不能決定酸性熔岩是否有較基性熔岩為高之溫度；然從酸性岩之融點遙高於基性岩所有者（自二〇〇度以至三〇〇度）一點觀之或當如是，岩漿之溫度除因含有盛量之水及礦化物而致低降外又與所在處之深度及上昇之速度有關，故岩漿溫度之相差似難歸根於其化學的成分。礦化物在花崗岩質（卽酸性岩質）岩漿中實較基性岩漿中為多，是以電氣石，灰重石等之副成分亦以在花崗岩中為較多見，在花崗岩中並能含有極微量之鎢及鉬。

至深成岩岩漿之溫度恐較基性噴出岩岩漿為高。噴出岩在地面散熱極易，且因岩石之融點隨深度而增，故深成岩岩漿為維持其熔融狀態起見，不得不有一種較高之溫度。

第二章　火成岩之產狀

火成岩漿能昇達地面，而在是處惹起火山現象，並構成火山，或在未達地面以前，卽在上層岩石之壓力下凝固。岩漿能在深處凝固之事，在多年以前雖曾經述及，但岩漿必可昇達地面之舊日思想之更矯，費時不得不謂長也。在舊日此思想之固執，一則因誤認花崗岩爲水成岩，而一則因過於重視岩漿之突破能力。

火山岩　從地球內部而上昇之岩漿，能在各種狀況下凝固，並依當時之狀況，發生特殊之組織及癖性。深成岩與火山岩之差別，卽因深成岩呈全結晶質構造，而火山岩呈細微狀斑狀或玻質狀構造。由火成岩漿產出之深成岩，從前認爲舊火山岩，而眞正火山岩認爲新火山岩。此二者之差別，故一時誤認爲在地質年代的新舊。

在成因上，此二類岩石自然亦有其差別，其故因水及礦化物對於深成岩之生成發生比較對於火山岩之生成爲甚之影響。此二類岩石然皆同出於火成岩漿，其主要差別乃在一則在地面凝固而一則在深處凝固。

約克斯氏(J. Jukes)首先明白分岩石爲深成的及地面成的二大類。萊耶氏以深成岩爲深處噴出岩，而以之與火山噴出岩相區別。該氏指出凡在海之壓力下生成之岩石皆有粒狀構造，如在普拉達沙（Predazzo）粒狀構造盛見於深處花崗岩層中。逭密希爾萊韋氏（Michel Levy）等證明岩石中成斑晶之部分爲成於特種時期及由地質的研究證明岩石的差別非緣於年代的新舊後，普通皆依魯桑浦書氏的見解分由火成岩漿生成之岩石爲深成岩及噴出岩二大類。

火成岩在海水壓力下之生成　海底火山之破裂其情形與尋常陸上火山之破裂相近似，但其所噴出之氣體，隨火山之深度而異其量，尋常凡愈深者，其噴出氣體亦愈少。海底火山之熔岩亦有高度流動性，並亦能發生岩流。其岩漿不能粉碎，故不能成岩屑。斯德費尼氏（De Stefani）並以爲岩流因感水傳熱之影響，在表面發生熔餅。在此種熔餅被覆層下之熔岩因散熱較慢，能成比較尋常凝固時爲全晶質之岩石。

深成岩與噴出岩之在成因上的差別　地質力中其能惹起深成岩之特性者，爲冷却之速度及礦化物與水等，至壓力尚在其次。壓力之是否幫助結晶作用，以後當述及之；其影響似並不重要。緩慢冷却作用係以阻止玻質物之生成爲主。至水與礦化物之作用爲使融點低降；此二者有時幷使熔融體之黏着性減弱，俾結晶作用得順利進行。

壓力對於深成岩生成之影響　水與礦化物在岩石生成上發生最大影響之事，既在前文中明白述之矣。就理論言，壓力亦應助長結晶作用，然其數量的影響似不至如吾人所料之甚。歐脫林氏（C. Fr. Oething）

一方面使熔融體急激冷却而一方面再使用二〇〇氣壓仍得玻質物，是以壓力之影響遠遜急激冷却作用之影響（玻質物由急激冷却作用發生）。自然界中在高壓下不發生玻質物（玻質物祇偶然在岩石中零散見之），此或因礦化物及水蒸氣之作用或因壓力之影響，但後者之影響遠不及前者之影響。

礦化物之作用　凡以人工方法從熔融體凝結出之礦物，皆能見於熔岩中成為熔岩之成分，然其種數非完全與火成岩中之礦物相符，但缺少在深處產生之數種，如石英、正長石、鈉長石、普通角閃石、雲母、石榴石在熔岩中皆付闕如。在其熔融體中，此類礦物或分解而發生別種礦物，如後者三種是；或成玻質物，如前者三種是。其所以然者，因其在融點高溫時，其結晶狀態不復穩定。若欲以人工方法製出此類礦物，則勢非加入礦化物（或可稱晶化物）不可，蓋礦化物能使礦物發生時之溫度低降，俾礦物得從容成結晶而產出，如石英、正長石、鈉長石得由加入鎢酸鹽類及鎢酸或鉬酸而發生。

在九〇〇度時，石英尚不能由熔融體分出，故其產生時之溫度係遠在融點以下。霍脫夫爾氏（Hautefeuille）與著者就實驗方面搜得許多證明石英祇在九〇〇度以至❶九五〇度時分出之事實；石英結晶之穩定限界當在此溫度以下。欲使雲母從岩漿分出，必須加入螢石，而欲使石榴石分出必需加入氯化物，蓋非由加媒熔劑使融點銳降後，此兩礦物極不易產出。

❶在稍高壓力下此數自當增加。

在是項情形下，媒熔劑能發生各種不同之作用，其作用之性質大抵與礦化物所有者相同，亦使黏着性之程度低降，結晶作用之速度增加。在產生雲母時媒熔劑除發生上列之作用外，又惹起化學反應。

水如礦化物，然亦使融點低降及黏着性減弱，故其主要作用非爲化學性的，但祇能援助結晶作用之進行。然亞漢尼司氏則稱水在一〇〇〇度時能惹起如酸類之化學作用。

礦物中其須藉礦化物之助而始能從熔融體分出以充岩石之成分者，有下列數種：❶鈉長石、正長石、石英、石榴石、藍晶石、綠簾石、硅灰石、普通角閃石及❷雲母

❶ 鈉長石及正長石並非由其熔融體產出，但屢由混合熔融體發生。

❷ 依著者之意見，雲母無氟素不能發生。

礦物中其毋須礦化物及水之助而卽能從熔融體中結出者，有鋼玉石、石英、尖晶石、磁鐵礦、磷灰石、輝鐵礦、鍺鐵礦、橄欖石、輝石、灰曹長石、白榴石、霞石、灰柱石、黃長石等。

自然界中如鎢、硼、氟、氯、鉬等礦化物之存在，得由花崗岩中之次要礦物（如重灰石、電氣石、螢石等）證明之。脫粒納爾氏（Trenner）在西瑪阿司太（Cima d'Asta）之花崗岩中直接證明鉬及鎢之存在；又希爾勃蘭氏（Hillebrand）在美國深成岩中常發見同樣之證跡。

礦化物之分量在酸性岩中必較在基性岩及中性岩中爲多，因酸性岩非加入礦化物不能發生，而基性

岩則不加礦化物或用人工方法亦能製出。礦物中如石英、正長石、鈉長石、雲母、普通角閃石皆不能由其各個熔融體結出，故花崗岩、石英斑岩、流紋岩、粗面岩等岩石皆不能以人工方法合成。

礦化物之最重要者厥爲在自然界中作用最大之水，次之爲從岩流及火山噴口噴出之鹽酸、硫酸、氯化鈉及別種鈉化物氣體等。其中如綠氣及氟化物氣體皆能使物質之融點降低。

陶勃萊氏 (Daubrée) 稱過熱之水有造礦物之能力；以後經費利台爾氏 (G. Friedel) 撒拉仁氏 (Sarasin) 及著者等之試驗，證明此說確鑿有理。霞石及白榴石亦能由加入過熱水而發生，然該輩之試驗並不發生集合塊，但祗見有數自形結晶個體。試驗時之溫度須不超出五五〇度。

深成岩所在處之深度　深成岩之爲名也，並非表示其爲深處產出物之意義，因與深成岩之生成最關重要者爲水及礦化物，而非爲壓力也。又爲發生花崗岩狀構造起見，岩漿反須不在極深處凝固。勃洛蓋氏 (Brögger) 指明在克立斯坦尼亞之火山破裂區域，花崗岩在六〇〇深處已能生成；又在撒多林(Satorin) 曾有人見花崗岩在低壓力下，發生全晶質構造。他如在猶安尼 (Euganeen) 亦見有結晶粗面岩生成在岩流中極淺處。

又如許多脈岩（例如蒙啓克岩 Monchiquite）雖在一定深處生成，然常呈噴出岩一部分的特性；他如從人造熔融物質由加入晶化物亦能發生如花崗岩中之構造，其中並無玻質物。一大羣祗在地面處生成者之岩石，亦常含有在高壓力下生成之成分，如石英是。

岩石中礦物之在生成上的差別，亦爲深成岩與噴出岩不同之一點。正長石在噴出岩中變爲玻狀透長石，其中且富含鈉分；在深成岩中則成一種渾濁體，且不多含鈉分。其渾濁癖性或由次生變化而發生，然據希蓋爾氏（Zirkel）之觀察，正長石是否常呈透長石之外觀，尙爲一種疑問；或爲近冰長石之一種，亦未可知。

又在深成岩中所見之紫蘇輝石、頑火輝石、異剝石等特性包裹物，亦爲在噴出岩中所不見者。至噴出岩（如石英斑岩）中所見之骸骨狀構造及其玻質包裹物，在深成岩中皆不得見。

岩石之現出　火成岩漿現出之情形，隨情形而變。其得利用廣闊之罅裂者，則沿此上昇；其混含氣體者，常惹起爆裂現象，致產生細碎噴出物及火山灰；又因遇阻力，亦能發生變化。此種情形均與岩漿凝固後之形態及凝固處之深度有關，故間接惹起噴出岩與深成岩之差別。

噴出岩之產狀

昇達地面之岩漿，構成火山。火山係由地中噴出地面之岩質物堆積而成，且依其形狀有層狀火山與塊狀火山之別；前者概由火山灰、火山礫、火山彈等碎塊及熔岩構成層狀而發生，而後者則單由熔岩所成。火山灰礫及熔岩等噴出岩皆從一漏斗狀口噴出。

噴出岩之產出，係由岩漿緩緩上昇或急激上昇所致，故上昇所必須之時間乃爲其重要問題。如岩漿激急沿主要罅裂上昇則常成火山；反之，如緩緩向地面移動，則其溫度逐漸降下，以致岩漿未達地面以前即行凝固。

岩脈爲岩石裂縫中之塡充物。其與岩石之層面並行者，稱曰層狀脈，其厚度往往極大。層狀脈常難與夾在岩層間之岩漿層分別。在層狀脈中其上盤現接觸現象，且常帶岩枝，但不帶凝灰岩質及包裹物，而在岩漿層中，雖不現接觸現象，但常帶凝灰岩及包裹物。又在岩漿層中化學成分及構造大概一致，而在岩脈中礦物成分及顆粒往往隨處發生變化。

岩脈之岩石的特性，能因含包裹物及圍岩碎片而起變化，其故至爲明顯。在侵入圍岩中之岩枝上往往發見之化學的差別一部分即緣於此，而此差別可由化學分析證實之。岩石中礦物之變化即指示在接觸帶岩石之成分發生一部分之變化；例如普通輝石在接觸帶變爲富鈣分之綠輝石 (Fassait) 或曹輝石；長石在接觸帶變爲富鈣分或鉀分之一種。

火山管道之廣闊，有關火山錐之構成；不特此也，即火山之形狀亦與此有重要關係。

巨塊噴出物　火山物成巨塊噴出時，少帶凝灰物。是等噴出物多成被覆塊及岩脈，如在北亞美利加之西北海濱、在匈亞利喀爾巴阡山脈之南面斜坡皆有其例。此種巨塊噴出物大多數係由基性岩所成，然如粗面岩、流紋岩等亦能成是種巨塊而產出。

喀爾巴阡之巨塊噴出物據萊耶氏之意，以為由岩漿巨塊與凝灰岩集合而成，其中凝灰岩並不占重要之地位。火山錐現出之狀態又與噴出物之特性有關。凡少流動性之粗面岩、響岩、安山岩等皆成陡起之尖頂或往往成鐘狀之頂峯。至富流動性之基性玄武岩則成岩鐘及高原，從其頂峯處有時得窺見其整狀破裂管道。富流動性之玄武岩之見於南印度及俄勒岡（Oregon）者，占有極大之面積。此岩除成岩流及高原外，又能成尖頂狀與岩流狀間之中間形。

塊狀火山尋常皆經一次破裂而發生，故其熔岩之性質多為均一。其頂部除呈尖頂形外，又有成岩流狀者。具黏着性之岩石當昇達地面時發生球狀之頂，且因不噴出多量氣體，故不使凝灰岩體爆裂而成疏散塊。如在波孟（Böhmen）呈半球狀現出之響岩是。

岩石之黏着性及其成層形狀

富黏着性之岩流，其流動性必弱，又成圓頂狀之噴出岩塊，在凝固以前，亦同此性質，此即所以表示黏着性對於岩石產狀之重要也。

黏着性係與岩石之礦物性及化學性有關；又岩石對於液體之滲透性亦與黏着性具有關係，為判定岩石礦物性及化學性之與黏着性之關係起見，須實驗各種岩石。由實驗則知基性玄武岩極富流動性，輝長岩白榴石熔岩次之，而霞石正長岩則富黏着性。至花崗岩、黑曜石、粗面岩則極缺乏流動性。岩石之流動性天然與溫度有關。據實驗之結果，凡含正長石、白榴石及石英之岩石皆極缺乏流動性，故爲黏液質。

又如長石玄武岩、橄欖玄武岩 (Limburgite) 等基性岩完全不爲黏液質；但極稀薄。又如在實驗中及自然界中所見之酸性岩爲極黏液質；他如稍具酸性而富鈉分之熔岩亦爲黏液質。此可由實驗正長岩及響岩明瞭之。響岩多成帶尖頂之岩體，且不致富含礦化物。

深成岩之產狀

據定義言，深成岩爲不能昇達地面之岩石，故至多祇能掀起上層岩石，且卽此亦不多見。深成岩之產狀分脈 (Gänge) 岩株 (Stöcke) 及岩盤 (Lakkolithe) 三種。

岩漿侵入預先存在或由破裂作用而發生之洞穴中並塡充之，成爲岩盤（亦稱岩鐘）。就生成言，深成岩脈與岩株（或岩盤）無重要之差別，而此三者之發生，無非爲一個地方的問題。岩盤之解釋並不一致；據期爾伯脫氏 (Gilbert) 費德曼克羅斯氏 (Witmann Cross) 之狹義的解釋，稱岩盤皆呈果子狀；他如勃羅蓋氏視岩盤與岩株無甚區別，而皆以深成岩攏統稱之。希蓋爾氏謂岩盤比較岩株尤似侵入岩層；此固爲多數學者所承認。

如採取期爾伯脫氏翼之狹義的解釋，岩盤之分布不致甚廣，而在歐洲尤爲少見。岩株岩脈及岩盤間之區別往往甚難而若雜以厚度不規則之層狀脈則尤難識別。所須聲明者，凡眞正之岩盤少從基性岩產出，其故因基性岩富流動性，容易侵入岩縫中，且能塡充於坦平之罅裂中，故概成層狀脈而非成岩盤。

一個較重要而迄今尚不完全解決者之問題，即噴出岩在下部是否必與深成岩相聯絡是也。此問題係與侵入時之機械作用有關：如若基性岩漿當時沿廣闊之罅裂急激上昇，則決無成深成岩之機會；反之，若岩漿之流出極緩，則當其一部分上昇而達地面時，其他一部分在深處凝固而成深成岩。如若岩漿之全部係在近地面之處，而若又無罅裂以與地面相聯絡，則祇能成深成岩。觀此，噴出岩在下面不必一定與其相當之全晶質深成岩體相聯絡。

岩漿侵入時之機械作用

富流動性之岩漿若沿一個廣闊罅裂上昇，岩漿便能迅速流達地面，並構成火山。岩漿的噴流能因各種不同之原因而停頓，如罅裂之轉移及氣體爆發力之消滅皆爲其主要原因。以是之故，一部分之岩漿能留在地中並成結晶質物而凝固，致惹起深成岩脈與噴出岩連續現出之事實。留在地中之殘留岩漿如含有足量氣體者則以後亦能噴達地面。如岩漿瀦溜不與地中內部相聯絡，則瀦溜中之岩漿有一時告罄之虞，以致噴出岩之現出發生斷續。在火山底部之假定的深成脈恆視爲火山的殘留。

對於火成岩侵入之問題，亦多各各不同之意見。耶洛夫氏 (Kjerulf) 謂花崗岩當上昇時使水成岩熔融。米雪爾萊韋氏亦倡相同之說，而勃羅蓋氏則反對之。耶洛夫氏分花崗岩質岩石之各種產狀爲岩株、岩盤、岩脈及不規則的岩塊。在此種產出狀態之間，互有過渡的產狀。又米雪爾萊韋氏謂花崗岩巨塊有廣大的基部，並謂岩漿漸漸上昇使上部岩層熔融。

蘇施氏 (Suess) 稱塡充在岩隙中之岩體爲侵入岩 (Intrusionen)，並以是與由融解上層岩石而占地殼中一位置者之岩基 (Batholith) 相區別。當花崗岩質熔融體昇達上層時，凡與之相接觸之岩體，能爲之同化。然就多數之觀察，此種情形惟限於極深而溫度極高之處。

著者不信岩株或岩盤有使其圍岩熔融之能力，對於此意見，勃羅蓋氏似亦同意。該氏曾證明在克立斯坦尼亞之志留層中實際並無熔融作用之證跡。是處花崗岩岩盤之侵入係緣於機械的水力作用，當地之水成岩層被所侵入之花崗岩岩盤掀起而爲時計玻面狀。米雪爾萊韋氏則反對此岩盤假說 (Lakkolith-hypothese) 而謂岩層之掀起，係由於楔形岩漿之在水成岩中之侵入。該氏就克立斯坦尼亞之情形言，稱有一二〇〇粎厚之地層之陷落足能擠起花崗岩漿，並掀起上面水成岩層，使之作時計玻面狀之外觀。克立斯坦尼亞之火成岩之所以能達目下之地位者，係因近旁一部分之地殼發生陷落，致惹起掀起及以後之側面侵入作用。是處火成岩之成分不因同化作用而起變化，但爲原來岩漿或瀦溜中岩漿分體之結果。其形狀爲如岩盤之椅墊狀。在克立斯坦尼亞雖不能確定同化作用之存在與否，然勃羅蓋氏之不以同化作用爲岩漿侵入時必當發生之情事，實有理由。

達萊氏（Daly）曾對於岩漿侵入時之機械作用爲一度之研究，並謂岩石中孔隙之一大部分係當深成岩侵入圍岩時逐漸破裂而發生。其他一部分係因圍岩受熱及膨脹不勻而致破下之碎塊，據達氏之意沈於液體岩漿中故不得見。蓋由計算岩體在一四〇〇度時之比重，證明除極基性之輝長岩及橄欖岩外，其他各種緻密岩塊遇岩石熔融體時未有不沈降者。此種沈下之碎塊以後融入熔融體中，增加其容積並掀起上層岩石使之呈時計玻面狀。其加入當然能惹起化學成分上之變化，並促成依比重之分體作用。

深成岩之黏着性　此性質可就自然界中觀察之所得評論之。吾人知水分及礦化物能使熔融岩體之流動性增強，而壓力則使其流動性變弱，或黏着性增強。在基性岩中及中性岩中黏着性強弱之相差當不致甚大。在酸性岩漿中則不然；此種岩石往往因缺少流動性而變極黏着。在同種酸性岩中，其黏着性常視所含礦化物之多寡而呈差別。在噴出岩中，礦化物之影響不若在深成岩中之甚。在深成岩中，其所含之礦化物，頗與其黏着性有關。

火山岩之外癖性

當在博物院中研究岩石標本時，吾人雖得觀察由礦物份子之大小、形狀、配列及組織而惹起之外觀，然如塊狀構造、層狀構造、房狀構造、節理及岩流岩脈等非在實地觀察不能洞悉其究竟。

火成岩之節理　當凝固時，火成岩往往發生特殊的節理，而有球狀、板狀、柱狀、棒狀、四邊形狀及其他不規則多邊形狀之分。發生節理之原因概為火成岩冷却之速度；冷却速度較大時，節理比較容易發生。岩石體質之粗細既與冷却速度有關，故即間接與節理發生之難易有關，其體質愈細密或愈細晶質者，即愈便於發生節理。柱狀節理之發生係以岩石急速冷却為條件。懷爾德氏 (Walther) 及挪曼氏 (Naumann) 皆謂岩漿之所以能迅速冷却者，或因岩漿流入水中所致。

梁氏 (H. O. Lang) 則謂岩石之柱狀節理係受壓力影響之結果，然恐非如是。羅夫氏 (J. Roth) 信各種節理當初皆為球狀，但以後改變其形狀；準此，則各種節理皆自球狀節理變成。

板狀節理　萊耶氏謂在冷却中之噴出岩漿依垂直方向發生不同之緊張，致有水平的罅裂發生，並因是而有板塊發生。萊耶氏歸此種板塊之發生於岩漿之節狀癖性 (Schlierige Beschaffenheit)，然此意見尚未發生普通效力。岩漿之散熱在外部比較在內部為速，故在外部，板塊比較容易發生。萊耶氏謂在許多情形下，岩漿中水分助板狀節理之發生。岩石因凝縮而發生之節理，自然不能與造山作用中之罅裂含混看待。

熔岩流之癖性　噴出岩之構造視其冷却情形及所含氣體及液體之多寡而異。岩漿如若與空氣相接觸，則凝固甚易，氣體透岩漿而出，以致發生熔鋍狀表面。熔岩之癖性頗與是種情形有關。

塊狀熔岩（Blocklava）係當岩漿急激凝固時發生，其時發散盛量蒸氣，流動時且破碎而成零散塊。又餅狀熔岩係當岩漿緩緩凝固時發生，其時氣體發散頗緩，其極富黏着性者，當岩體緩緩移動時，發生捲餅狀熔岩（Lavawulste）。同一岩漿，視流動距離之遠近，能分別呈此二現象中之一現象。流動較遠者（如若熔岩沿而流動之斜坡光滑時）發生餅狀熔岩，較近者發生塊狀熔岩。

在岩流中某部分之構造狀況，能與其他部分不同，又在熔鋍狀表面數粍以下，各部分之構造皆能變爲結晶質，在岩流之末端，往往呈玻狀之癖性。

福蓋氏（Fouque）曾見在某一爐中產出一種重約二〇萬瓩之玻質體。此體成流狀流出，其中央部爲一質玻體，然其一〇糎厚之外圈大都由非玻質硅灰石球顆集合而成。

萊耶氏稱黑曜石岩流係由噴火口流出，而斷不能由火山側面流出。該氏並信當岩漿停滯在噴火口時，水分因蒸發而失散，以致流出之熔岩呈玻質狀。石英粗面岩（Liparite）發生之情形係與黑曜石相同，此可由其玻質狀表面明瞭之；若當時氣體之發散頗爲劇烈，則可有浮石（Binstein）產出。

脈岩之癖性能隨處變更，其內部能呈粒狀而其緣邊都能呈斑狀。在近緣邊之處，能呈細緻構造或玻質狀構造；脈岩常又成節體產出。深成岩中不同之部分呈極不相同之構造，其中有呈粗粒狀者，有呈細粒狀者。緣邊部分常呈粗粒狀構造，然有時亦能呈斑狀構造。深成岩之癖性且與壓力有關，其在較深處之部分能呈粗粒狀構造，而其表面能呈細緻構造或斑狀構造。

第三章　火成岩之構造

火成岩之構造首與岩石之位置有關，蓋位置影響壓力及冷卻速度。壓力與冷卻速度爲解決構造者之兩個最重要的要素。壓力有關水及礦化物之分量，而此兩者係與火成岩構造有關；他如岩漿之化學成分亦爲岩石構造上之一要素，然其影響總不如壓力及冷卻速度之影響之大。當解決火成岩構造與位置之關係時，卽以在地中及在地面上冷卻速度之不同及水與礦化物對於岩漿之浸染性爲根據。

噴出岩類之構造　噴出岩以肉眼視之，往往呈細緻構造，其一部分往往呈玻狀或熔銲狀外觀，然噴出岩之最普通的構造，爲由斑晶及細緻石基構成之斑狀構造（Porphyrstruktur）。在熔岩中且能浮有無數初成結晶而此種結晶意大利地質學者當十八紀時曾在維蘇威發見之；如白榴石及較舊橄欖石結晶等皆在見過之列；此外亦見於火山之疎散噴出物中，如當火山破裂時其如雨落下者亦見之。熔岩中之初成結晶故顯然與在石基中結出者之斑晶不同。

猶有言者，在斑狀熔岩中不一定含初成結晶，其中較大結晶之生成係因其物質具有較大結晶速度而致，且因結晶依一個方向呈較大晶化之速度，其時生長之結晶呈長柱狀或其他形狀，如斜長石及普通輝石之結晶是。

然則浮在熔岩上之初成結晶究在何處發生？其中情形雖不能直接觀察，然可假定其當火山破裂時在管道上部發生者。福蓋氏及米希爾萊韋氏曾用高溫度試驗，首先得白榴石，而後在白榴石外部得普通輝石。在熔岩中天然產生之初成白榴石，其個體甚大，而由其結晶速度約計之，其生長時期至少非經多日或數星期不可（參觀第十章結晶生長之時間一節）。

初成結晶（如石英、橄欖石、白榴石等）之腐蝕現象，表示岩漿有變更融解性之可能。此可能一部分係與壓力有關，因熔點隨壓力而增加故也。就腐蝕現象一方面觀之，此種初成之巨晶恐非能在一短時期間生成。又從發生順序上之研究，亦示此種見解之不誤。初成結晶發生之時期尋常認爲較其他部分爲早，然如石英及正長石結晶則恆爲最後發生之成分。是種結晶除在高溫時生成外，又能在低溫時生成，且可由實驗證明此二礦物在普通壓力下祇能在低溫度時存在。岩流中之橄欖石恆視爲包裹物（石英顆粒亦可同樣目之），然如白榴石及正長石結晶則不容同眼目之。

噴出岩中亦有在單獨一時期內生成者，故噴出岩中所含之巨晶不能一概視爲在地下期內生成。其斑狀構造之生成亦有其他原因在。希蓋爾氏稱在岩脈之上部分，往往無巨大斑晶而在脈肌部(Saalbänder)亦然。其中所不明瞭者，爲何以斑晶爲地下期內之產生物而其實無非爲一個例外。

斑狀岩石中之石基尋常認爲最後發生之部分。希蓋爾氏稱石基中之某種成分如風信子石、磷灰石、金紅石、磁鐵礦等，就其性質言之，反有使人疑爲在第一期發生之成分。此種礦物有時祇在非石基部分中發見，有時祇在石基中發見，而有時在兩者中皆見之。希蓋爾氏謂其中情形不能由岩漿之化學成分解釋。

菱長斑岩 (Rhombenporphyre) 中之正長石巨晶往往含有普通輝石、橄欖石、黑雲母、磁鐵礦等包裹物。此種成包裹物之礦物不成斑晶而現出在閃長煌斑岩 (Camptonite) 中見有含普通角閃石包裹物之普通輝石巨晶；在芬蘭之輝霞岩 (Ijolith) 中，見有含霞石及普通輝石之榍石。希蓋爾氏因此信岩石中之巨晶並非爲在第一時期內結晶出者。然就各方面觀之，恐非在深處不能生成。壓力之變遷固顯然與結晶之大小有關，但如混合之情形、結晶能力及熔點亦無不與巨晶之生成有關；與融點之關係祇因壓力減小時融點亦降低，上列諸岩石故祇能視爲火山深脈中之產物。

斑狀構造爲兩個條件實現之結果：一個爲先期結晶之存在，一個爲數種先期結晶之發育。先期結晶之發育，且與結晶速度及結晶能力有關。第一個條件係視岩漿之黏着性或即視所含之水及礦化物而異，故又與深度有關。岩石之構造自然與冷卻速度有重要關係，又巨大結晶生成之可能，亦與其化學成分有關。

岩石中一成分之是否屬第一生成時期，天然不易確定；加以對於第一生成時期之觀念又不一致。希蓋爾氏稱石英及長石亦能在第一時期發生，而至少在石英斑岩中爲然。然在花崗斑岩中此觀念卻不合實際，蓋花崗岩在高溫時不能分結，其所含之石英及長石故一概視爲後期產出物。至對於石英斑岩中之石基，則更不明瞭；此岩中之石英含有液體包裹物或玻質包裹物，其生成時之壓力，可見不致甚高，否則玻質物不能生成，而勢非承認玻質包裹物爲次生包裹物不可。

石英斑岩之生成　石英斑岩之成因，不能以單簡方法解釋之。其中石英含有玻質包裹物，故非在深處生成，又不能在尋常壓力下由高温熔漿結出。巨大石英結晶之生成，必須先變當時之壓力狀況及晶化物之分量而後可。石英斑岩之石基，一部分爲玻質或爲半玻質（如玻質斑岩），然大部分爲細粒質而如在知顯微花崗岩質石英斑岩中，正長石先石英而結出，而在文象石英斑岩中正長石與石英能同時生成。

石英斑岩之有玻質或半玻質石基焉，不難由其從噴發而發生之特性想像之。然石英在尋常壓力下不受礦化物之影響，決不能在石基中發生。愛爾巴氏 (Allport) 及其他學者謂其含石英之石基爲次生變化物，而係由玻質或半玻質石基變成。

新成與舊成或新火山與舊火山的基性噴出岩間之差別，頗屬微細，且多由於生成後之變化。其礦物構造及化學成分皆相同，而產狀亦然。次生礦物自然在舊成基性噴出岩中比較多見；至泡沸石既然廣見於新成基性噴出岩中，故在多數情形下，可視其爲在岩漿凝固後立即生成者，如方沸石恐即爲最後凝固期之產出物。據包歐氏 (M. Bauer) 考察之結果，指輝綠岩由其外癖性觀之，完全近似熔岩。至黑玢岩與玄武岩完全相同之事，已早由智修派克氏(G. Tchermak)明白示之矣。

岩石之構造雖如萊耶氏所言係與岩石之產狀有關，然仍不免受條件之限止。他如米希爾萊韋氏亦以不依產狀之構造爲不可能；雖然亦有其例外，如深成岩能呈流狀構造（如花崗岩之岩枝能呈此構造。）構造與產狀之關係一方面仍視緩慢凝固作用、不穩定壓力及水與礦化物等種種之影響而示差異。

對於岩石構造，其影響比較地最小者厥爲化學成分；但亦有其影響在某種構造偏與帶某種化學成分之熔岩有關。細粒長英岩狀構造(Felsitische Textur)適合酸性岩漿，而尤與不含鎂及鈣之酸性岩漿爲甚；酸性岩漿有呈純粹玻狀構造之傾向，此傾向在基性岩漿中則無之。球顆構造(Sphärolithbildung)在酸性岩中偏多，而輝綠岩狀構造在基性岩中偏多。共融混合構造(Eutektstruktur)見於共融混合物中。此外發生多數巨晶之可能性一方面視岩漿中是項成分之豐富而增強，而一方面又視其豐富程度對於共融混合物之關係而異。

深成岩類之構造　本類岩石與噴出岩類之在構造上之主要差別，在因其祇含有單獨一個時期內生成之礦物；然其中不無例外，如有幾熔岩之全體皆同一細緻，且不呈地內期之現象。又深成岩亦能含有某一成分之多數巨晶。此種產狀恐與結晶之生長速度有關，並概在緣邊部分中見之。

勃羅蓋氏稱眞正深成岩之在構造上之特性，能由深處緩慢凝固作用之結果圓滿解釋之。然緩慢凝固作用並非爲惟一的主要原因，因水分及礦化物亦與深成岩之構造有重要之關係；如由實驗所示，在含水及礦化物之岩漿中結晶之生長比較不含水及礦化物之岩漿中爲速。所懷疑者厥爲粒狀花崗岩是否亦經過長時期後而生成，其大部分天然緩緩凝固，因在深處之關係，周圍之壁較熱，而冷卻速度自然不及在空氣中之速。

在脈岩中深成岩及噴出岩之構造皆得發見，且視脈之深度而示差別。又化學成分對於構造亦不無影響，如酸性半花崗岩（由岩漿之酸性殘留結成）呈全自形粒狀構造(panidiomorphe Struktur)。此構造卽所以示多量水分之存在。當此岩石發生時，其溫度必低，而水之影響必大，其時冷卻必當迅速。

至在花崗斑岩及正長斑岩岩脈中之長石結晶（往往極大）之一部分，如在石英斑岩中，然係當地內壓力逐漸低降後生成。此類岩石爲深成岩與噴出岩間之過渡岩石，其數種雖則祇含有單在一個時期內生成之結晶，但因別種關係，亦呈斑狀構造。

在玄武岩脈及黑玢岩脈中成斑晶之巨晶，有時亦因結晶生長較速而發生；同樣之情形亦能在玄武岩流及黑玢岩流中見之。對於構造之大概，顆粒之大小以及冷卻之法則，蘭納氏謂岩石中某種顆粒之大小係隨其分量而發生變化，其分量愈多時顆粒亦愈大。至過冷作用及結晶速度，該氏則反不重視。

火成岩之構造，一方面亦視其他原因而變化；在相同狀況下，貯岩漿之器皿愈大時，結出之顆粒亦愈大；

如弗萊米氏(Frémy)在以合成法製造紅寶石時，因用狹小器皿僅得可供研磨之紅寶石。又馬羅采維斯氏(Morozewicz)因用寬大器皿，雖當時冷卻迅速，仍得可供分解用之巨晶。

觀此，則粗粒狀構造祇能在全部同時結晶之巨體岩漿中發生，此情形如在岩株、岩脈、岩盤中皆見之，然在岩流中則未之見。花崗岩狀構造之發生，故無非爲各種原因之結果。

特殊構造　特殊構造卽指偉晶構造(pegmatische Struktur)或含蓄構造(Implikationsstruktur)而言，所謂含蓄構造者，係二種同時生成之成分依規則透生之結果，如文象花崗岩(Schriftgranit)卽示此構造。吾人當想像含蓄構造時無不記憶共融混合構造，後者爲二種成分密切混合之結果，而在合金中其二成分往往極難分別，合金因化學成分之關係，常呈此構造。

推愛爾氏(Teall)與華脫氏皆認文象花崗岩之生成有發生共融混合構造之必要。在火成岩中共融混合構造尋常似極少發生之機會，而在自然界中幾乎全然不見。偉晶花崗岩(Pegmatite)強半係在脈中生成，且與別種火成岩相伴，並常示與後者相同之成分，然因其呈並行生長現象，其構造則與其同伴物不同；又常含副成分。對於此岩石生成之知識，保爾氏(E. Baur)之試驗頗有供獻，而弗利待爾氏輩(G. Eriedel Ch. Friedel)之試驗，對於深成岩中礦物之發生有重要之關係。

弗利待爾氏從在封閉之管中之過熱熔融體得各種礦物，如石英、正長石、曹長石、霞石等。是由此數礦物集成之岩塊，當與深成岩不無相同之處，但在弗氏之實驗中；其熔融體斷不能成一種眞正岩漿；因其祇能發生疎鬆粉末故也。

溫香克氏謂偉晶花崗岩並非從普通岩漿發生，但從一種在岩漿與水溶液間之中間物產出。此見解頗爲落當。無論如何，其中必有富量之礦化物以協助此岩石之發生。偉晶花崗岩之生長溫度決不爲高，而此情形可由在數種偉晶花崗岩中所見之石榴石、電氣石、黝簾石、十字石紅柱石證明之。

以氣成作用解釋許多偉晶花崗岩之生成，自然亦在情理之中，其中卽承認氣體之合作如魯桑浦書氏卽倡導此說。該氏謂含稀有元素之偉晶花崗岩之生成，須有氣體之合作。

推愛氏謂在火成岩中含有共融混合物，共中斑晶首先發生，而以後卽有共融混合物成石基凝固而出，然尋常則決不如是。

在石英斑岩之石基中，似含有一種共融混合物。推愛氏且謂微晶花崗岩（Mikropegmatit）亦爲一共融混合物。觀是則微晶花崗岩必有一定之化學成分而據該氏之計算，稱有百分中六二・〇五之長石及百分中三七・九五之石英。又此兩礦物產生之順序不能一定，若石英之分量過多，則石英首先結出；否則正長石當首先結出。華脫氏曾採取此旨，並精究之，而定其中長石爲百分之七四・二五，石英爲百分之二五・七五。

組織　組織(Texturen)往往與構造相區別。組織爲成分之立體幾何的癖性，而爲其排列及分配所確定者。此種組織如流紋狀 (fluidale) 同心狀 (zentrische) 球顆狀 (sphärische) 多孔狀 (poröse) 杏仁狀及多泡狀皆是。

流紋狀組織　在較大結晶之周圍，發生呈並行排列之微晶，致惹起流紋狀組織。在酸性岩漿中往往見色澤各別之片層交換重疊而爲皺波狀。此種組織表示當玻質熔漿體凝固時其冷卻迅速，並示在熔漿體中曾發生移動或流動；至其中較大之結晶，有如痘晶 (Impfkristalle) 之作用。所謂直行並行組織 (lineare Paralleltextur) 即與岩漿之流動有關。此組織見於深成岩及噴出岩中，然不由流動而發生之流紋狀組織亦不無其例，此時痘晶作用即爲此組織之原因。

球顆狀組織　在球顆狀組織中，環岩石一點發生射線狀或同心介殼狀之排列。此組織雖可見於各種岩石中，然在酸性岩中似尤爲多見。球顆依其射線狀構造之存在與否及依其所含結晶質之多少，有顯顆(肉眼能見)、微顆(肉眼不能見)與各種變種之分。魯桑浦書氏分球顆之構造爲二羣：在一羣中，全數或數種成分成球殼相集而成帶殼片之球顆，如在球狀花崗岩 (Kugelgranit) 中及基性熔岩、閃長岩及輝長岩中見之；在另一羣中各個體皆呈放射狀排列。球顆之射線若由同一物質構成者，此球顆稱曰球晶 (Sphärokristalle)，如在硫礦中見之。如其射線由多種物質交換而成者，則稱曰假球晶 (Pseudosphärolitle)。真球晶爲結晶線及玻質物合成或單獨由顯微硅長石生成。又變顆 (Variolitle) 亦爲假球晶。

火成岩局部亦能全然由球顆所成，如在球顆硅長岩 (Sphärolithfels) 中見之。

在噴出岩中所生成之球顆大概不能以肉眼識別，或僅成極小之微粒。反之，在深成岩中其大能如人頭。此種人頭大之球顆之發生，殆與深成岩之緩慢冷卻作用頗有關係。

顯微硅長石球晶 (Mikrofelsitsphärolithe) 爲岩漿凝固時末後產出之晶化物。埭脫利書丐哈氏(Dietrich Gerhard) 對於此種球晶之發生爲下列之解釋：在此種岩漿中若可結晶之一部分成結晶而產生，周圍岩漿體之分子遂向此結晶中點凝集。是種分子既以後變爲固體，故在周圍發生缺乏物質之暈，且因凝固時有水分出，故凝固緩慢。嗣後又有可結晶的新分子從四周繼續加入，致此作用得重演不已。

克洛斯氏 (Whitman Cross) 謂顯微晶硅長石球晶係由膠狀硅酸或蛋白石質硅酸結出，且謂其發生時期係在長石纖維生成以前。

球顆亦能由基性岩漿急激冷卻時發生。其構造爲放射纖維狀或同心介殼狀。在自然產物或人造玻質物中，其成放射狀者除斜長石外厥爲輝石。

勃羅蓋氏稱在挪威之顯微硅長石球晶中獨多石英與長石之細微混合物；此或能引起共融混合構造之回憶。著者並不謂球晶中之共融混合構造不能由痘晶作用所惹起。

魯桑浦書氏謂在聖大盧西亞球狀閃長岩中，球顆之生成係因富含輝石及普通角閃石之岩體先行結出所致。在此岩體之周圍，因此發生非常富含長石之熔漿，後者迅速結晶而爲放射集合體，並同時惹起局部分鐵質及鎂質岩漿之飽和，致復有角閃石及輝石發生。該氏並察見球顆之生成係限於岩塊之中央部或即在晶化作用寧靜之處。在球狀花崗岩中，其情形當必相同。當生成時，發生富橄欖石及磁鐵礦之區域。

凡呈放射狀構造之球顆尋常認爲皆自中點相外生長。哥爾氏(Cole)及蒲脫勒(Butler)對於利巴利黑曜石之球顆，則抱另一意見。該輩由觀察岩石中帶玻質壁之空氣泡而稱球顆爲自外向內發生。球顆當初爲一氣泡，從氣泡之周圍發生針形體，在氣泡中之水蒸氣定必惹起水熱作用以促成球顆物質之沈澱。魯特萊氏(Rutley)則反對此意見，其反對理由在因此意見不能解釋球顆物質之由來。

婆利斯波卜夫氏(Boris Popoff)在研究球顆之發生時，曾得一種證明球顆向內或向外生長之方法。該氏謂多數球顆係自緣邊部向內生長，而此可用方法證明之。該氏謂聖大盧西亞(Santa Lucia)球狀閃長岩中之球顆係自外向內生長。此意見恐不的確，而與其他考察家之意見相反。在其他岩石中，球顆必多自內向外生長。

石泡(Lithophysen)爲岩石中之一特殊現象，見於上匈牙利之酸性岩(粗面岩)中。石泡大而中空，其形如球莖，往往又如梨，內部呈同心介殼狀，其中作時計玻面狀之各片相集呈玫瑰形。李希霍芬氏(Richthofen)謂石泡在成因上完全與球顆不同。撒巴氏(Szabo)則稱其爲經機械作用及化學作用破碎之球顆，石泡故爲破碎之球顆。其物質往往與圍岩之物質相同。此種情形已由豪埃氏(K. V. Hauer)證明之。

包歐氏(M. Bauer)察見石泡偶然亦能在玄武岩中發生，而該氏當作變形球顆視之。無論如何，如就匈牙利酸性岩中之石泡言，此種石泡往往呈劇烈分解現象。

伊亭氏(Iddings)曾經一度考察黃石園黑曜石崖之石泡。其石泡之壁被有結晶質物，如石英、鱗石英、長石、曹正長石、鐵橄欖石及磁鐵礦皆見之。伊亭氏謂該處石泡係經含在岩漿中之水蒸氣之作用而發生，並謂由在生成中之球顆經水蒸氣作用變成。

伊亭氏信岩漿凝固時，在晶化中心之周圍，發生射狀長石。其產生之結果使岩漿之成分發生變化而變爲富含氧化硅及水分。後者促成氣泡之生成。岩漿體水分之失少又使其在凝固以前之體積減小，致有裂縫發生。無論如何，在岩漿凝固以前帶孔之石泡當已生成。

在酸性岩中所見之眞珠岩狀組織(Perlittextur)係爲節理所促成；又與水分或亦有關係。

氣泡狀及鎔銲狀組織係與火成的生成有關。此種組織在熔岩之表面見之。氣泡狀岩石中之氣泡天然係由岩漿放出之氣體發生。此種氣體在尋常壓力下，卽能由岩漿中放出，是以岩流之表面卽爲含氣泡最富之部分。氣泡依一方向伸長之現象可由熔岩流之流動性解釋之。在略具黏着性之岩流中，其氣泡較諸富黏性之岩流中爲大，是以在基性熔岩中其氣泡較大。氣泡之發生係與岩漿之黏着性及所含氣體之分量有關。基啓氏(Arch. Geikie)察見許多蘇格蘭玄武岩脈在深處多呈多孔狀。又在斯克夷 (Skye) 亦見全體爲細胞狀之玄武岩脈，此岩脈係從一種富含氣體之稀薄岩漿發生。至蘇格蘭玄武岩脈則爲具黏着性之岩漿發生，其表面冷卻迅速。

火成岩中並行組織之發生　並行組織 (Paralleltextur) 係見於呈帶狀或片狀構造之岩石中。其發生表示岩漿當尚未凝固之際，發生扁平結晶板，並依流動方向發生片理。並行氣泡孔或針形體之存在，隨處能惹起並行組織。

在數種熔岩中亦發見長石、普通輝石或白榴石結晶之並行的伸長。

岩石年代與其構造之關係

在舊日書本中，岩石年代與其構造及產狀之關係視爲一個重要問題。卽今日在命名法及分類法中，此年代關係屢爲一角色，依此，呈全晶質構造之岩石仍然目爲年代較舊之岩石。

蒲克氏 (L. V. Buch) 謂岩石之全晶質構造爲其年代遠古之現象；此意見直至最近的過去猶視爲重要。岩石構造與年代之關係雖不無其例外；如在勃勒達索 (Predazzo) 之花崗岩及二長岩中，雖則呈全晶質構造，那時卻已明知其爲屬三疊系者。萊耶氏謂近代花崗岩實際似不可能，蓋凡有全晶質構造之岩石多爲年代較古之岩石，而係存在於年代較新之玄武岩之近旁。然觀第三紀花崗岩既時常伴較古之玄武岩產出，故不得不放棄全晶質岩石必爲古代岩石之成見。

直至今日，此成見未免放棄過甚，如撒洛蒙氏（Salomon）亦力言自阿達末羅（Adamello）以至匈牙利之東亞爾伯斯花崗岩皆屬第三紀時代，並謂花崗岩之主要噴出時期爲第三紀。岩石年代與構造之關係，徵諸事實似不應存在，故撒氏所言無非爲一時之意見，而由詳細之考查該處之花崗岩迄今尚不能徵明其爲屬第三紀時代。吾人不能以年代遠古爲花崗岩之明證，猶不能以年代之幼稚爲認定花崗岩之基礎條件。在目前狀況下只能堅持花崗岩及同樣岩石在各個時代皆能產生之規律。

火成岩各部構造及礦物成分之變化

一個地質的產物如岩脈、岩株、岩流等，其各部分不必有均一的構造。其中化學成分、礦物成分或構造皆能發生變化。關於構造上之變化知之已久，蓋如許多結晶脈皆呈半玻質狀或斑狀之脈肌，又岩流亦多在緣邊部呈玻狀構造。同一岩石中之化學成分從前認爲全體一致，而在小塊熔岩中此見解尤較在大塊深成岩中爲適當，然至今日，在深成岩及岩脈中，往往亦發見成分上之變化。

關於岩石構造上之變化，勒克羅斯氏（Lacroix）在畢萊山（Montagne Pelée）之觀察頗關重要。該處連續生成之岩脈呈極不相同之構造。

岩石緣邊部之構造　緣邊相　在與侵入岩層接觸之處，一岩石在構造上之變化爲一普通之現象。許多熔岩脈在緣邊部皆現玻狀，又在舊基性岩流之緣邊部亦然。在深成岩中以長石及普通輝石之存在，發生斑狀構造，或細粒狀構造。此二者皆因冷卻迅速而發生。細粒狀構造常見於酸性岩中，而斑狀構造則常見於基性岩中。

此外在岩株或岩脈中，往往見有相差迴異之構造情形，然其所以然之原因往往不能明晰。在麻索尼（Monzoni）之二長岩中，其構造極易變化，有處呈輝綠岩狀，而有處呈粒狀或斑狀；其發生想必當岩石破裂時在壓力上發生變化所致；又礦化物之影響，想亦隨時發生變化。此外勃勒達索之花崗岩體在深處往往呈細粒狀構造；又在接觸處時呈粗粒狀構造，然相反之情形亦不少。

在接觸帶中，往往察見化學成分上的細小變化，如鹼分或鈣分之增富，氧化硅成分之減少，皆是其時正長石、黑雲母及曹輝石增加，或斜長石變爲更基性。此外又能惹起普通輝石之化學成分的變化。

此種情形能由分結作用或由圍岩之同化作用解釋之。他如在花崗岩緣邊部之電氣石，卽爲岩石受氣體影響之證；電氣石之生成，卽爲受氣體影響之結果。又在斜長玄武岩脈（Kersantitgang）中，普通輝石及黑雲母之發生係爲受氟素影響之結果。輝綠岩中鐵礦之增富可由分結作用解釋之。

在羅馬喜米拿山 (Monte Cimino) 之粗面岩質熔岩流中其緣邊部含多量黑雲母，而其內部含多量普通輝石。又橄欖石在岩石外部者比較在內部者爲小。在齊瑣 (Ghizo 撒地尼亞斐魯山）之某種岩石中，白榴石之分量自內向外減少，黑雲母之分量在緣邊部及在裂縫中極形富裕，而在內部則缺少。是種變化爲含氟蒸氣之作用之結果；若含氟之蒸氣爲量有限，則黑雲母祇能疎散存在。由經驗而知，在緣邊部蒸氣作用較強，在是處當必有黑雲母發生。然一方面溫度亦有影響。在岩脈內部之橄欖石因冷卻緩慢，能在近固定之溫度下，成比較在緣邊處爲大之結晶，他如長石及其他礦物生長之情形亦然。對於是種礦物故無認定其爲在地內生成之必要。在岩塊之岩枝部，其化學成分大概發生變化。侵入細裂縫中之岩漿往往亦發生礦物的及化學的變化。

含黑雲母及普通角閃石之花崗岩體往往在其岩枝部不含此二種礦物，然含石英。石英之所以能存在者，不難從該部生成時之低溫度明之。反之，在丹卡洼山 (Tangawagebirge) 之石英閃長岩中哈勒達氏 (Harada) 察見在岩枝部，角閃石亦成角閃花崗岩產出。在許多二長岩之岩枝中，正長石產出極富。德樓氏 (Teller) 及約翰氏 (vonJohn) 曾在克勞增 (Klausen) 察見在緣邊部較爲基性之岩脈。

總言之，各種變化之原因，一部分爲圍岩之影響，一部分爲分結作用，又常爲氣體作用。

第四章　岩石中礦物成分與化學成分之關係

岩漿之分結雖非完全視岩漿之化學成分而變異，然卻與其化學成分有最重要之關係。從富含硅酸之酸性岩漿析出富硅酸之硅酸鹽類，如石英、正長石、曹長石、從基性岩漿析出橄欖石、輝石、磁鐵礦等礦物；他如從含氧化鎂之岩漿析出橄欖石、黑雲母；富鈉分之岩漿析出霞石、曹達長石或曹輝石。此規律因二像性關係及數種礦物或礦物集合體之分裂及變化，不免受相當之限制。此問題以後自當討論之。又由別方面觀之，各種岩石之礦物成分亦可想像其由同種岩漿發生，而係為各種礦化物作用之結果。又如鋼玉石、尖晶石、透長石結出時之情形亦不難決定，如岩漿中鉀分與鈉分之比例為一與二之比時，透長石卽開始結出。至數種含鎂及鈣之礦物（如普通輝石、普通角閃石、黑雲母、橄欖石等）在生成時之情形比較不易決定，且與化學愛力有關。魯文生蘭莘氏 (Lowinson Lessing) 決定氧化硅對於金屬之化學愛力之順序如下：鉀、鎂、鈉、鈣，然此不能視作一般之情形。又含鋁化合物在生成時之情形較為繁複，其中化學愛力亦能惹起變化。

其他一特殊之問題，卽同像混合結晶 (Isomorphe Mischkristalle) 如何結出是也。此中情形以其繁複，其規律不易決定，所易明瞭者，卽為從富鐵分之基性岩漿，常析出富鐵分之輝石及橄欖石，或從富鈉分之岩漿析出含鈉分之輝石及角閃石。

岩漿中一礦物成分之分析，不應與岩石總分析相比較，而應與岩漿在未結出該礦物以前之化學成分相比較。對於此點似有研究之必要。凡結出首先數成分之母液，自然與結出末後數成分者之母液不同。岩石學者常以總分析爲計算之根據，蓋岩石學者慣以總分析計算所混含之礦物成分，然此祇在當同像混合結晶之成分不起大的變化時或祇在由局部的分析以明瞭混合情形時適用。如由岩漿之總分析以斷定以後分結出之成分，則爲一極難之事，因同一岩漿不但能結出各各不同之礦物且因礦化物不同之關係能析出種種礦物。岩石原來之岩漿實際決不能從其總分析認出；其故因岩漿之一部分能首先結出，此部分岩石之分析故決不能與原來岩漿之分析相同，如當半花崗岩生成之際，岩漿中較酸性之一部分即首先結出。

勒苛利啞氏 (Lagorio) 華脫氏及靡洛斯活克氏 (Morozewicz) 在研究岩漿中礦物分結法後，即指出分結能力與岩漿化學成分之某種關係。如熔鉢中之橄欖石係由富含鎂、鐵及錳之岩漿結出；頑火輝石係由含 (MgO) 及八至一三%之(CaO)之岩漿結出。華脫氏謂礦物之生成祇與平均岩體 (Durchschnitts-masse) 之化學成分有關，且依據化學多量作用定律 (Gesetz der Chemischen Massenwirkung)。

關於礬土 (Tonerde) 之結出，靡洛斯活克氏謂凡有 $(K_2, Na_2, Ca)OAl_2O_3\ nSiO_2$ (其中 n 爲自二至十三）化學公式之飽和硅酸鋁在高溫度時能融解礬土，並成過飽和熔液。含鈉鋁之純粹硅酸岩漿雖易融解礬土，然其富含鈣分之一種，則不能融解礬土。上述之硅酸鋁飽和熔漿，如若不含多量之(MgO)及(FeO)而如若n又不大於六者，則其(n－1)過多量礬土之全部成鋼玉石析出；如(MgO)及(FeO)之量大於千分之五，則過多量之礬土成尖晶石析出；又如若n大於六，且(MgO)並不存在，則礬土成硅線石析出。然胡克斯氏(B. B. Vukits)證明鋼玉石及尖晶石之析出亦有不依此法則者。總言之，摩洛斯活克氏之法則祇示由硅酸鋁與鋼玉石融成之岩漿復得結出硅酸鋁及鋼玉石。又由含鎂之硅酸鹽類融成之岩漿復得結出尖晶石：又如若含有(MgO)或(NeO)者，自然不能結出尖晶石（除鈣尖晶石外）。對於硅線石之生成，另見本書第十二章。

在自然界中，有飽含礬土之花崗正長岩式及粗面安山岩式之硅酸鋁岩漿，間或又有呈鈣長石式之岩漿。摩洛活克氏謂在是種岩漿中，過飽和部分之礬土依人造硅酸鋁熔融物之規律，成鋼玉石、尖晶石、堇青石或硅線石。或硅線石產在火成岩中之鋼玉石、尖晶石、硅線石及堇青石在成因上具密切之關係，故就成因言係同羣。

上述之規律並非無限止，而卽在人造熔融物中亦然，因岩漿冷卻之影響極大，從同一熔融物往往依冷卻之速度，析出某一種或他種礦物，或在別種情形下不能產出之礦物，在茲情形下則產出之。冷卻之速度有左右尖晶石、磁鐵礦等之生成作用，冷卻迅速時，是種礦物固然發生，然若冷卻緩慢，則發生普通輝石或普通角閃石。

伊亭氏亦力言從化學成分相同之岩漿能依結晶時物理的狀況，析出種種不同之礦物及礦物集合體。此卽表示從岩漿中析出之礦物必非原來卽成是等礦物在岩漿中存在者。除由分結作用外，岩漿亦能依別一種作用結出種種不同之礦物。至岩漿之總化學成分則並不因是而變更。是項作用後文中當提出討論之。在岩漿中並非皆爲以後所結出之礦物之分子，岩漿之一部分係在離解狀態中。

岩漿之離解

上述之問題及結晶分結作用又與岩漿之離解作用有關。包魯施氏及伊亭氏皆言岩漿係在離解狀態中，而其離解之程度係視岩漿之性質而異；酸性岩漿之離解程度係較基性岩漿之離解程度爲高，雖然吾人對於離解之程度所知極微，而於少礬土及富礬土之岩漿之離解程度尤然。

一個極重要之問題，卽以後由熔融岩漿中結出之化合物是否先在岩漿中離解而成氧化物存在是也。如華脫氏輩承認在熔解岩漿中祇有化合物而伊亭氏則謂是等化合物已離解而成氧化物。據著者之意，化合物之分子當與氧化物之分子一併存在。含礬土之化合物似較不含礬土者之一種分裂爲甚。至離解之程度（離解分子之對於不離解分子之比例）則不得而知。

伊亭氏謂在分結作用中，鹼性成分攝引礬土而與氧化硅發生長石。岩漿中之礬土如若爲量不足供長石之發生者，則成雲母輝石或角閃石。是等礦物既爲最早生成之數種，故岩漿中如有過量之(Al_2O_3)存在，則亦必首先爲是等礦物提去。伊亭氏且謂礬土之量若多於鹼性成分者，則礬土與之結合而發生鈣長石。是等事實係與不含礬土之單簡硅酸鹽類應先生成之規律具有關係。

岩漿之比較

以分析所得之結果而決定岩漿並比較之，須用轉換法(Umrechnung)。魯桑浦書氏謂在此法中氧素之比例必須計算；計算時先將水分減去，次將分析以百分計算，而後將各物質之百分率以各該物質(如 SiO_2, Al_2O_3 等)之分子量除之，即得分子比例(Molekular-proportionen)。將此諸比例之總以一百乘之，即得原子數(Atomzahl)。魯桑浦書氏謂此原子數已能表示岩漿之化學的特性。

與善氏(Osann)爲表示岩漿之化學性起見，更爲進一步之工作。該氏先依化學的特性以分火成岩類。其中迨各物質之比例計算後，即爲下列之比較：

(一)其中所含之 SiO_2 (亦包括 TiO_2, ZrO_2)以(S)表示之。

(二)鹼質與礬土合併而成一原子羣$(Na, K)_2Al_2O_4$，共以(A)表示之。

(三)礬土之殘留與氧化鈣合併而成一原子羣 $ACaAl_2O_4$，共以(C)表示之。

（四）其他金屬氧化物（尤以 Fe, Mg, Ca 爲主）成 RO 式原子羣，而以（F）表示之（其中 Fe_2O_3 與 FeO 同樣計算。）

（五）鹼質之比例（Na_2O: K_2O），總數以一〇計算，而其中惟知一價值 n（例如鈉之價值。）是種數目之比例以後即用充岩石公式之根據；（A）（C）（F）間之關係可以下列公式表示之。

$$2A+2C+F=100-S$$

A C F 比數（a, c, f）間之關係爲 $a+c+f=20$，例如某分析中 $SiO_2+TiO_2=59\cdot5$, $a=4$, $c=3$, $f=13$, $n=7\cdot5$ 故 $2A+2C+F=100-59\cdot5=40\cdot5$ 又 $a:c:f=4:3:13$, Na_2O: $K_2O=7\cdot5:2\cdot5$

一方面由 A、C 及 F 之大小，容易計算相當金屬之原子數，如五九·五爲 SiO_2 之量，則 Si 之原子數不難計出。他如 Al, Fe, Mg, Ca, Na, K 等之原子數亦可同樣由 Al_2O_3, $\overset{=}{R}O$ 等數分別計算而得。

a: c: f 示岩石中鹼性長石、鈣長石及暗色成分之比較的多少，f 示不含鹼質及礬土之成分，S 對於 A C 及 F 之比量示與異性硅酸鹽類同時存在之正硅酸鹽類。

此方法頗多缺點，如不顧到雲母中之水分及藍方石（如在岩石中亦存在）等；又如忽略鐵之氧化程度皆爲此方法中之缺點。如在普通輝石中 Al_2O_3 常爲 Fe_2O_3 所代替，然後者不能視爲 CaO, MgO 之代替物。

奥善氏之方法實際係以魯桑浦書氏之地核說（Kerntheorie）爲基礎；並以贊助此說爲目的；然就今日所知而言，地核之存在附有許多條件且仍多疑問。奥善氏算法之價值故尙有問題。岩漿之比較亦能由圖法（如米啓爾萊韋及勃羅蓋之圖法）表示之。然無論何種方法皆示從由分析所得之單簡結果不適用於比較岩石，而爲比較岩石起見，祇有轉換法一種。

畢克氏（F. Becke）將魯桑浦書氏算法略加修改，並使之與圖法合併；此法並非完全以地核假說（Keruhypothese）爲基礎，但根據礦物本體計算時假定鹼質與鋁及硅相結合而存在於長石（$NaAlSi_3O_8$，$KAlSi_3O_8$）中，剩餘之鋁與鈣及硅結合而成灰長石；剩餘之鈣與硅結合而成普通輝石（$CaRSi_2O_6$）。二氧化鐵之一部分與一氧化鐵結合而成 $Fe_2O_3 \cdot FeO$，一部分與鎂結合而成紫蘇輝石。如另有玻質物則計算較難；蓋在玻質物中能含有 $NaAlSi_3O_8$ 及剩餘之硅分。

在火成岩分類法中，岩漿之計算尤其重要。如米希爾萊韋、畢克、魯文生蘭莘（Löwinsin Lessing）奥善氏等，當分火成岩時覺各種表示岩石之方法皆有其價值。然由岩漿之計算以達火成岩分類之目的並非在本書範圍以內。所須言者，克洛斯、伊亭、配生（Pirsson）及華盛頓（H. Washington）皆曾本化學成分達到火成岩完全分類之目的。

岩石計算法之缺點　在岩石計算法中，茲可舉出幾個缺點。其第一個爲因不計成分中之水分，此水分不應忽略之。吾人因不知岩石中之水分如何發生，故未能計及。他如一氧化鐵與三氧化二鐵同樣計算亦為一個缺點。

又在是等算法中，一個較大的缺點為將分析中之數目皆當作同樣可靠看待，而不知在隔離及鑑定各成分之方法中各成分可靠之程度大相懸殊也。岩石分析及計算之工作如全由一人擔任，則計算者即為分析者；因其明瞭所用之分析方法及方法中之利弊，故所得之數目自較準確。如用不同之方法，則所得之結果普通不適互相比較。分析者故應說明其當時所用之方法。在用同一分析法時，常因分析者之不同，亦能發生細微之差別。

又在某一處之標本與在另一相距數粎處採得之標本間，往往能發生差別。此外猶有一較為重要之缺點，即鹼質之分析不能與 SiO_2 或 Fe_2O_3 之分析同樣真確是也。至 MgO 則尤難確定。鹼質與土鹼質及各鹼質間之隔離遠不如確定 SiO_2 或 Al_2O_3 之真確。鈉之數目為減去其他鹼質後之餘剩數，故不能視為準確。萬分中二分之錯誤如就 K_2O 言，已比較地占重要之位置，如若為 Si_2O 之錯誤，則無若何關係。是以在為量有限（千分之五至千分之七〇）之成分中，其錯誤之關係比較為量大者（百分之二〇以至七〇）之成分中為大。各成分真確之程度，因此種種關係，顯有天淵之別。

在分析礦物時所得之結果尚可與其公式比較參證，然分析岩石時，則無由參考，其真確程度惟由反覆分析明瞭之。

岩石公式之圖表法　在奧善氏計算法中，除討論別種問題外，又比較岩石，此即其特長之處也。對於岩漿間之比較，岩石圖表法頗適用。伊亭、華盛頓、畢克、米希爾萊韋及勃羅蓋皆各有各之圖表法；若為比較數種或多種岩石，則米希爾萊韋氏之圖表法最為適當。此圖表法後來曾經勃羅蓋氏修改（圖一、圖二）。在本法中劃兩直線使其互相正交，在橫線左右方表示 SiO_1，在縱線上端表示 CaO，下端表示 Al_2O_3。在與橫線以六十度相交之射線上，其下端左方表示 Na_2O，下端右方表示 K_2O，上端左方表示 FeO，上端右方表示 MgO。諸物質之量各以與其分子比例相當之耗數表示之。Fe_2O_3 之分量亦可在 FeO 線上表示。

此方法頗易明瞭，岩石酸性之程度立可從圖上

第一圖

第二圖

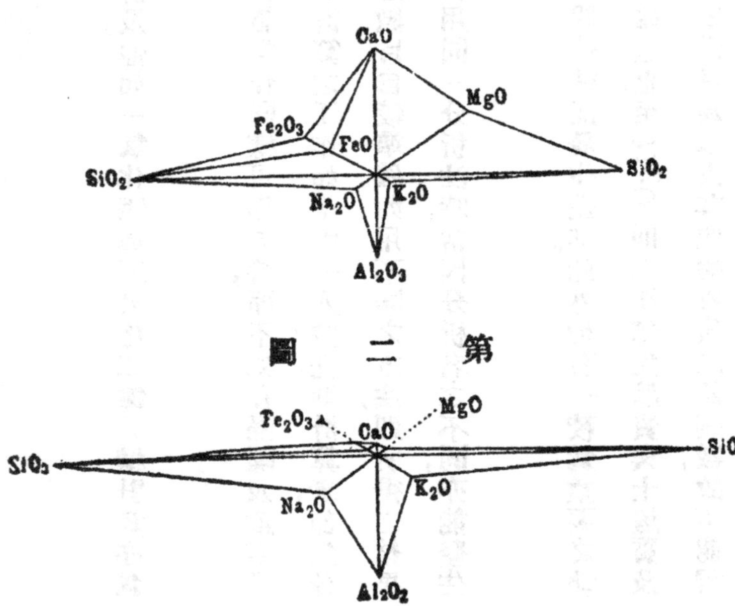

明之。凡扁平之圖，表示一酸性岩石；一狹長之圖，表示一基性岩石。又淺色岩石其圖之上部扁平，而深色岩石其圖之上部高聳；又富含鈉及鋁之岩石，其圖之下端伸長；總之岩石之化學成分極易用圖表示，若表示之方法準確，一岩石之化學成分卽可在圖上一目瞭然。

若爲研究生成起見，在圖上有比較多數分析之必要，則圖所占之位置自必廣大，而其所示之梗概失也。在此情形下，畢克氏之方法較爲完善。

在奥善氏之圖表法中，將總數爲二〇之比例 a: c: f 分別表示在三角形投線上。畢克氏亦用三角形投線，其中係以 Ca: Na: K 之比例爲出發點。在一等邊三角形之角上，表示極富 K, Na, Ca 之岩石，在中點表示含有分量約等之 K, Na, Ca 之岩石。此圖表法然須另有一個縱形圖（圖三）以補充之。在此圖中，硅素之分量亦能一并記載。每一岩石之分析，圖中係以一點表示。此圖表法故可用以表示火成岩之在生成上之關係。在上述諸圖表法中，然尙有一個難點，卽不易劃分淸楚限界是也。此難點係見於岩石之分類中。在勃羅蓋氏之圖表法中則可劃分淸楚限界，故就此點言，勃氏之圖表法較爲適當。

在一九〇三年時，畢克氏曾創設一種計算成分及用圖以表示成分之新法。在此法中係以鹼質分量爲出發點，等價量之礬土相并而以A表示之（成 $K_2O. Al_2O_3 + Na O. Al_2O_3$ 分子羣）。其餘 Al_2O_3 與 Ca O 結合成爲 $CaO. Al_2O_3$，而在圖中以C表示之。剩餘之 Ca O 與 FeO, MgO 合并而以F表示

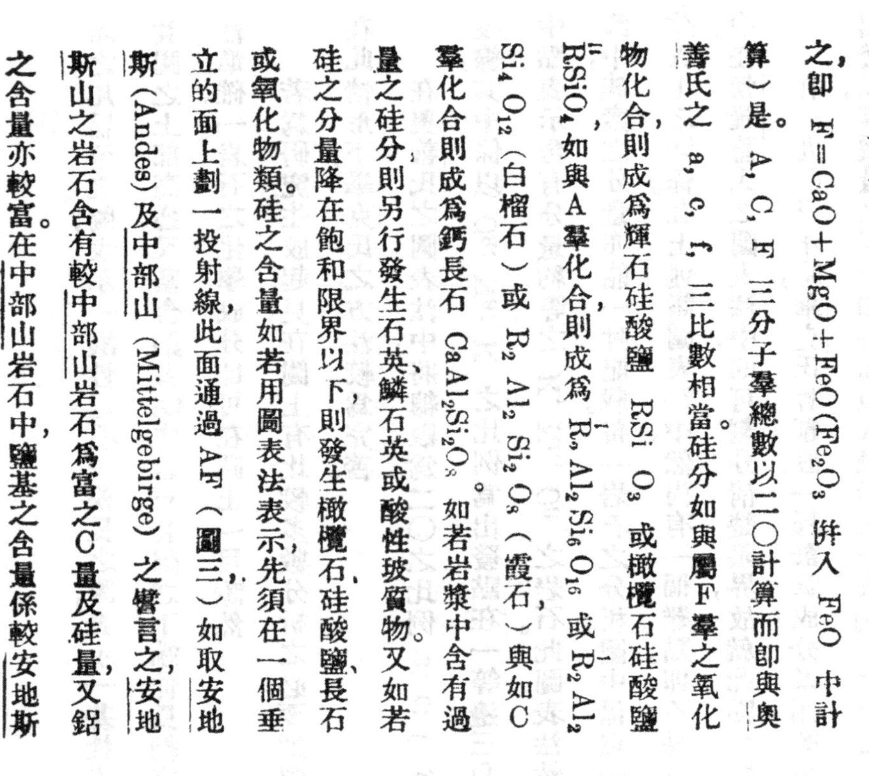

之，即 F＝CaO＋MgO＋FeO（Fe_2O_3 併入 FeO 中計算）是。A, C, F 三分子羣總數以二〇計算而即與奧善氏之 a, c, f, 三比數相當。硅分如與屬F羣之氧化物化合則成爲輝石硅酸鹽 RSi O_3 或橄欖石硅酸鹽 $\overset{II}{R}SiO_4$，如與A羣化合則成爲 $\overset{I}{R}_2 Al_2 Si_6 O_{16}$ 或 $\overset{I}{R}_2 Al_2 Si_4 O_{12}$（白榴石）或 $R_2 Al_2 Si_2 O_8$（霞石），與如C羣化合則成爲鈣長石 $CaAl_2Si_2O_8$。如若岩漿中含有過量之硅分則另行發生石英鱗石英或酸性玻質物。又如若硅之分量降在飽和限界以下，則發生橄欖石硅酸鹽、長石或氧化物類。硅之含量如若用圖表法表示先須在一個垂立的面上劃一投射線，此面通過 AF（圖三），如取安地斯(Andes) 及中部山 (Mittelgebirge) 之譬言之，安地斯山之岩石含有較中部山岩石爲富之C量及硅量，又鋁之含量亦較富。在中部山岩石中，鹽基之含量係較安地斯

第三圖

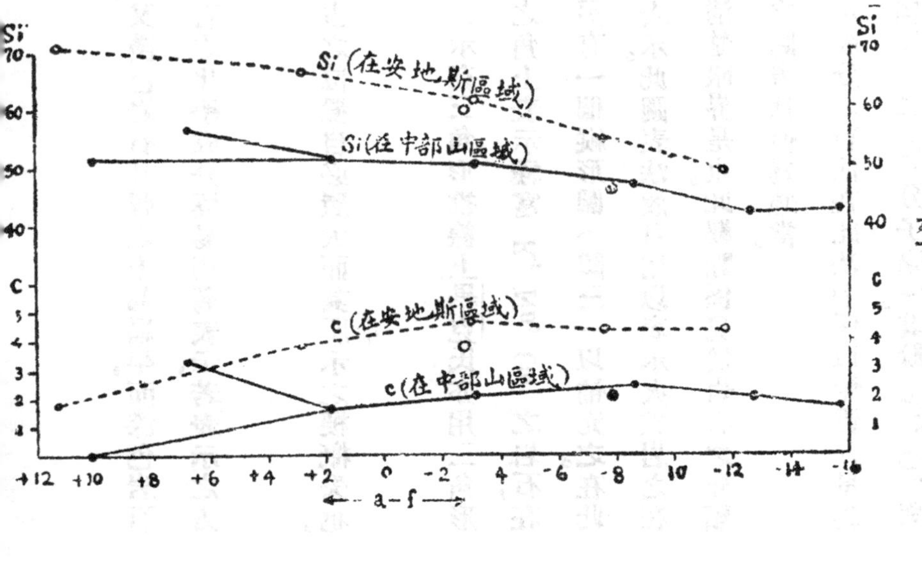

岩石中爲富。圖中之曲線表示此二火成岩區域之成分大致相同；在此二線之一端，硅之含量減低，在安地斯區域中，鋁之含量自粗面岩以至玄武岩連續遞增，自石英安山岩以至安山岩，其遞增始改迂緩。在中部山岩石中，鋁之含量當初遞增，後漸遞減，終則復行遞增。

此二岩統爲二大岩石類（卽花崗岩與閃長岩類及輝閃霞石正長岩與灰曹長石霞石岩類）之代表。在中部山區域之岩石中，重元素較多，而在安地斯區域之岩石中，輕元素較多（其中亦包括H及O）。安山岩火山（Andesitvulkane）係以呈水蒸氣爆發作用著名。在是類安山岩中，係以疎鬆礙灰岩及火山灰爲主；在中部山中，響岩及凝灰岩頗少見。當元素尙在氣體狀態之際，分結作用卽依氣體之密度而實現。安山岩質岩石係從上層發生，而中部山岩石（灰色玄武岩 Tephrite 及響岩）係從下層發生。

畢克氏以比較所得之結果爲根據，進而研究一種較輕及一種較重之岩漿，並依其分布之區域，分別稱爲大西洋岩族及太平洋岩族。該氏謂有新火山岩沿新褶曲鏈鎖山排列之區域爲屬輕安山岩統，又沿巨體熔岩發生破裂之區域爲屬重灰色玄武岩統。畢克氏之方法極適用於普通之比較，是處細小錯誤並不若何注意。

普利歐氏（G. Prior）自比較東亞非利加之岩石後，又比較聖赫勒拿、判忒勒里阿、亞松森加那列等處之火山噴出物。在是處亦見與畢克氏所得者相同之結果。

第五章　岩漿之分結

各種岩石之所以在化學成分上發生差別者，其原因或爲原來岩漿之不同，或爲因與別種岩漿相混合，或爲因同一岩漿能發生在化學上及礦物上不同之岩石。對於岩石化學成分之不同，可分爲下列數意見：

(一)逢增氏(Bungsen)之混合說(Mischungstheorie)此說稱岩石係由兩種在不同地位生成之岩漿混合而發生，其中一岩漿爲基性，而一岩漿爲酸性。

(二)分結說(Differentionstheorie)此說稱許多各別之岩漿係由同一原始岩漿分出。

(三)同化說(Assimilationstheorie)本說稱岩漿之差別係因侵入岩塊之融入，致原來岩漿發生變化而致。

逢增氏承認在地殼中分別存有一個酸性瀦溜及一個基性瀦溜，其產物互相混合，故該氏承認二瀦溜說。薩托立斯(Satorius V Waltershasen)稱在原始岩漿中依比重發生分離，較輕者如長石浮在上層，較重者，如普通輝石磁鐵礦等沈在二十哩深處，利爾氏(Ch. Lyell)亦曾發表同樣之見解，他如達爾文(Ch. Darwin)及德那(J. D. Dana)亦曾將此意見提出討論，然較正確之見解爲出自杜洛修氏(J. Durocher)。

該氏稱岩漿之分離不依比重，但依熔析法（Liquation）（如在合金法中）發生。

魯桑浦書氏近來在分結說上之研究頗有結果；是說自經勃羅蓋氏稍稍修改以後，遂變爲動聽之學說。在舊日欠解釋清楚之火成岩間之許多關係，即可由此明白解釋，雖從各方面觀之，其特殊的重要仍不免過分誇張。在分結名義下，包括兩種互相近似然仍故意分別之事項，其一爲地球內部之分結，其實現係屬理想的其他爲在岩株、岩盤、岩脈中之眞正分結。從研究之所得，吾人得分分結爲（一）岩漿分結（magmatische Differentiation）及（二）結晶化分結（Kristallisationsdifferentiation）魯文生蘭莘氏（Loewinson Lessing）稱岩漿分結有見於深成岩漿中者與見於沿脈縫上昇之岩漿中者及見於岩穴中岩漿中者之別。在後者二情形中岩漿分結及結晶化分結皆能實現。

羅夫氏（J Roth）稱熔漿當冷卻之際能結出各種礦物。以是之故，化學性相同之岩漿仍能結出各種不同之礦物，其例誠不少。當一八八三年時，著者曾云岩石熔融而再凝固時，不常結出與原來岩石中同樣之礦物。此問題以後當討論之。

米希爾萊韋氏指出礦化物之影響，並稱其對於分結具有重要關係。推愛爾氏在一八八八年時對於硅酸鹽類之分結已採用盧維許氏（Ludwisch）及索萊書氏（Soretsch）之原則，此原則稱凡較重之物質係向較冷處流動。

伊亭氏雖不承認地核說，然由解釋逢熷氏及魯桑浦書氏等學說之結果，稱原始岩漿係貯積在瀦溜中，且曾經一度之劇烈分結作用。該氏提出岩漿之血族性 (Consanguinity 或 Blutverwandtschaft) 而稱凡在一區域中的各種火成岩皆發源於一個共同的岩漿瀦溜。畢克爾氏 (G. F. Becker) 假定有一種熔點不同之兩熔融體混合物並稱此混合物當冷卻之際依融點析出，故與分結說不同。該氏且以分晶作用假說 (Hypothese der fraktionierten Kristallisation) 解釋分結。達萊氏之意見係與逢熷氏假說相近，而稱在固體地殼下各處皆爲基性岩漿。其根據一則在凡稍大岩縫噴裂祇發生玄武岩，一則在近來大多數火山皆不噴出酸性岩漿。就大概言，近來噴出之岩漿雖概以基性岩漿爲主，然在從前某一定時期內祇有酸性岩漿噴出。若能確實證明亞爾伯斯花崗岩漿爲屬舊第三紀時期，則可說當舊第三紀時在亞爾伯斯山中貯有多量之酸性岩漿（雖亞爾伯斯花崗岩決不全屬第三紀時代）。然在別處地方第三紀之基性岩漿亦不少。職是之故，許多深成岩之年代既未能確定，此假說似猶未能完全成立。

許惠克氏 (Schweig) 對於分結曾從實驗一方面爲一度之研究。該氏濕研究之結果，稱分結祇能由冷卻或壓力變化而發生；如若岩漿並非過於黏着，則發生依比重之分離。壓力失卻後，結晶液化並發生化學性不同之岩漿。對於分結之工作，茲僅舉魯桑浦書之分裂說 (Spaltungstheorie) 詳述之如下：

岩漿之分爲二種或多種化學性不同之分部岩漿之自然的分離，魯桑浦書氏稱之曰分裂 (Spaltung)。

岩漿分裂之結果爲發生各種岩羣，其中數羣含有一定之結核，故在是項岩羣中，岩漿已達分裂最高之程度。

（一）在由輝閃霞石正長岩漿φ分裂而成之響岩、脂光正長岩、霞石白榴響岩中含有近完全純粹之 (Na, K) Al Si_2 結核。

（二）在由花崗岩漿γ分裂而成並缺乏鈣分之正長岩、石英斑岩、流紋岩、及粗面岩中，含有 $RAlSi_2$ 結核。

（三）花崗閃長岩質岩漿δ（爲一混合岩漿）除含有φ結核外，又含有 $CaAl_2$ Si_4 結核。

（四）輝長岩漿ψ（爲一混合岩漿）除含有 $CaAl_2$ Si_4 外，又含有爲量較低之 (Na, K) $AlSi_2$ 及 CaSi, MgSi, FeSi 等結核；在許多輝長岩漿中，又含有 R_2Si 之橄欖石結核。

（五）橄欖石岩漿π除含有上述之結核外，又含有多量之 RSi 及 R_2Si_2，有時又有含鋁之結核。

（六）在灰曹長石霞石岩 (Theraliten)、灰色玄武岩 (Tephriten)、霞石岩 (Nepheliniten)、普通輝石岩 (Angitiiten) 中，含有灰曹長石霞石岩漿δ。在此岩漿中，硅分不敷與Al化合，是類岩石含有以霞石 (NaAlSi) 爲主之結核。

岩石之特性係視其所含金屬之原子數之高下而異，其中φ岩漿及γ岩漿含原子數最大，π岩漿含原子數最小。岩石中之結核有下列數種：(Na, K) $AlSi_2$－$CaAl_2Si_4$－Ca, Mg, Fe) Si－$CaMgSi_2$－R_2Si

$-RAl_2-Si-NaAlSi-RAl_2Si$

由原始岩漿最初之分裂，乃發生分部岩漿。分部岩漿之大部分成深成岩，其一部更由次成分裂產生噴出岩。此假說然頗多爭議之處，蓋噴出岩漿亦能單獨而不與深成岩連絡發生也（參見第二章）。此假說之基礎假定結核不互相融解；以後魯桑浦書氏將此學說略加修正，使祇許有三種岩統之區別。

（一）含有 $RAlSi_2$ 者之輝閃霞石正長岩統 (foyaitische Reihe)，其中包括灰曹長石霞石岩漿 (theralitische Magma) ϑ 及此岩漿與 RSi 及 R_2Si 之混合物。

（二）花崗閃長岩統 δ (granitodioritische Reihe) 其特性為含有 $\overset{I}{R}AlSi_2$ 與 $CaAl_2Si_4$ 之混合物。

（三）第三統包括輝長岩漿 ψ 及橄欖石岩漿 π；在此統中 $RAlSi$ 結核之量驟減，而 $CaAl_2Si_4$ 之量增加，同時 RSi 及 R_2Si 之含量亦遞增。

在未討論分結以前，吾人須知分結在自然界中之證據。

在地質上之分結證據　吾人在岩株，岩盤及岩脈中，察見化學成分及礦物成分依部分之差別，在中央部者，概具酸性，而在緣邊部者概具基性。是等差別首見於混合脈中，其在脈之中央部者，在成分上與在脈肌部者頗有出入，因在中央部者概具酸性，而在脈肌部者概具基性。兩種岩質之界限在脈中頗為分明。又在許多侵入岩體中（如在岩脈、岩株、岩盤中），其緣邊部皆呈限界相(Grenzfacies)，而比較其主體爲基性，然間或不無相反之情形如見於克立斯坦尼亞火山岩區域(Christiania-Eruptivgebiet)亞美利加洲西北部及其他多處者是。

在蔴素尼(Monzoni)多見微弱分結現象。勃羅蓋氏誤認爲分裂。其中僅見有普通輝石質成分及長石質成分結出，而並無基性緣邊相，然如緣邊相之現象一定亦存在，如在岩枝部硅酸之分量定較岩石主體爲富。又如若岩石之基性程度向緣邊部變強，則此亦爲一種分結現象。

脈之隨伴　深成岩巨體強半皆附帶脈狀岩體，是等岩體大半係由下面主部岩漿分結而發生。脈狀岩體有非分裂而成者(aschiste)與由分裂而成者(diaschiste)之分。伴主岩之岩石與主岩發生化學成分上之關係，其酸性部分及其基性部分之平均化學成分往往恰與主岩漿之化學成分相同。主岩漿分裂而爲二種或三種以上之岩漿之步驟，頗爲繁複，是以如欲使分部岩漿混融而成主岩漿非一定容易，卽描寫主岩漿分結之途徑恐亦不易舉，然在主岩漿與分部岩漿間卻存有一個關係。

礦石之生成亦爲分結之一證據。由岩漿發生之礦石係岩漿分結之結果。對於此端華脫氏曾提出言之。

此外與分結之研究有重要關係者，爲岩石中化學成分及礦物成分之研究。在一火成岩區域中岩石皆同源，故共成一同源區域；其在生成上之關係，伊亭氏稱之曰同族(Consanguinity)。欲知一同源區域之基本岩漿則需計算全部岩石之平均分析，然同時必需約計其質量，一方面且須將分部岩漿之成分使與表示其質量者之數相乘積，再由所得之諸數計算等差中數。

各種岩漿之分結程度並非相等，凡中性岩漿（如二長岩 Monzonit 岩漿）比較酸性岩及基性岩尤易分結。

謂岩石中含有金屬結核者之魯桑浦書氏假說，必與前文中所述者相衝突，尤其因結核全屬假定，且又須假定岩漿並不混合，故此說頗難憑信，然若經一度之修正，其解釋就變單簡。

勃羅蓋氏假說　勃羅蓋氏將魯桑浦書氏之假說一度修正後，倡導一種頗簡單之分結說。該氏與羅夫氏一同攻擊孤獨結核之存在，並證明Al並非能與Na構成 $NaAlSi_3$，但與之構成 NaAlSi，又證明在比較無長石正長岩（Urtit）爲酸性及比較鹼性角閃正長岩（Umptekit）爲不酸性之岩石中，必有 RAlSi 及 $\overset{1}{R}AlSi_3$ 之成各比例之混合物。

此種結核之存在能由岩石之分析明之，蓋岩石之分析能因岩石中含有結核而發生變化。勃羅蓋氏綜合各方之意見後，稱魯桑浦書之結核似必爲火成岩中礦物之普通化合物所代替，且當分結時火成岩漿中化合物之數似較魯桑浦書在其假說中所假定者爲多，雖並非遠多也。

就實驗言，魯桑浦書氏之結核並不存在，如以下所述，實際並無不能混合的岩漿，而所謂分結說者，無非示礦物對於分離之傾向其分離能由結晶作用或由比重而實現。

人造岩漿中之分結

在一定狀況下，人造岩漿分結之可能，其實驗不一而足。此項分結以依比重者爲最普通，而依冷卻者，似尙屬稀見。如若用巨大之坩堝並有特殊的設備以使岩漿在外部冷卻，則冷卻分結之實現似在意料中。此種實驗然尙未曾試過。

摩洛斯活克氏在其實驗中亦曾見依比重之分結。該氏雖留意使所用之成分互相混合，然所示之色，往往視礦物成分及化學成分之不同而發生差別。富鹼土之岩漿呈顯然不均一之現象；在某一岩漿中成一大橄欖石結核，在別一岩漿中發生兩種不同之部分，其一部分含有鈣長石及普通輝石，其他部分含有黃長石、橄欖石及尖晶石。

在富鈉分而易熔融之岩漿中則察見別一種現象。在有一百磅重之某一巨體中（由鹼性普通輝石所成者爲佳）在上半部與下半部間依比重發生顯明之差別；在下部積有磁鐵礦。在西門子燒玻璃之熔爐中，在玻璃之下層加添比重較大之成分以後，亦察見完全相同之現象。此外在推脫勒山(Tatragebirge)之花崗岩中，亦發生分結現象，熔漿之上部富含硅酸鹽，而下部富含鹼土金屬及氧化鐵。

對於分結著者用乾式岩漿（卽不含水分之岩漿）亦曾作數次實驗。是等實驗皆示在礦物混合物中如若存有一種爲量極重之成分（如若成分間之比例爲一與三至二與三），則此混合物不發生分結。至此中是否與共融混合有關，則不能由實驗明晰；然眞正共融混合構造在岩漿僅極偶然察見。最強之分結，能在如爲硅酸鹽類及磁鐵礦所成之混合物中見之。此二種礦物在比重上發生顯著之差別。由實驗一般觀之，其分結係依比重而發生。是等依比重之分結，似在電氣爐中爲最佳，以其中之熱量係由各方射集。故在燒玻璃之熔爐中，因熔爐底部受熱較上部爲強，依比重之分結故較難實現。在下列混合物中，分結現象尤爲顯著：白榴石二份，普通輝石一份；自一份至二份之普通輝石與自二份至一份之灰曹長石；自三份至一份之橄欖石與一份至三份之磁鐵礦。又在由三種成分合成之岩漿中，亦曾見分結現象，而以在中性岩漿中爲最。此種分結在實驗中並不完全稀見，且亦能依比重而實現。

又如若用液體媒介物或礦化物（螢石、氯化鈉、氯化鉀、鎢酸），亦能惹起分結現象。其時富鐵分之部分概成在坩堝之底；例如當應用上列媒劑使普通輝石安山岩及普通角閃石安山岩熔融時見之。普通角閃石安山岩如若與螢石、鎢酸、亞氯化錳混合熔融，則在熔漿之表面（卽冷卻面）見有含鐵及錳之硅酸鹽類，然較重之礦物概在底部沈澱。由此可見礦化物亦能惹起冷卻分結（Abkuhlungsdifferentiation）。

福開氏（Fouqué）及米希爾來韋氏之實驗之所以不惹起分結現象者，其故乃因在小坩堝中不易觀察分結現象；又當時之情形據由報告而知，亦未見適於分結之實現，加以在其多數實驗中所用之成分（如灰曹長石、普通輝石、霞石、白榴石、斜長石），在比重上相差非遙，故比重分結頗難實現。又就別方面言，一種冷却分結亦不可能。

由綜合諸種實驗之所得，可知在實驗中依比重亦能惹起分結。又當冷却之際，冷却面上或能惹起結晶作用，故在實驗中亦能發生上述二種之分結。

岩漿之無限混合性　有人曾謂岩漿之所以分結者，因其各部分不能混合，然由直接實驗證明各種岩漿皆能互相融解，故此說恐不能成事實。一礦物之在別種礦物中融解之能力，祇與其溫度有關，而當在依情形而變之某一定溫度（融解之陷界溫度）時，在熔融狀態中之礦物能互相融解。又由實驗而知，凡經擾動之融液不發生分結，此情形不但見於冷卻分結中，且見於比重分結中；如若未經擾動，冷卻分結及比重分結皆屬可能。

由比重而發生之岩漿分結

吾人茲欲區別兩種岩漿分結：一種係在地球內部發生，而其他一種係在供火成岩材料之潴溜中發生。

對於此問題，谷伊（Gouy）及沙普羅（Chaperon）之見解頗爲重要。該輩稱岩漿或液體之各部分係依比重而分離。又謂液體之濃度及其重成分分量係從表面向下部增加；是以在岩漿之上部氧化鐵及硅酸苦土之分量必較在下部爲缺乏，或較爲酸性；據此二考察家之意見，此項情形對於分結之影響不大，雖吾人在硅酸鹽類岩漿中多見富鐵分之部分聚積於桶之下部。

羅文生蘭莘氏謂在岩漿殘溜中，其已結出者之結晶並不上下平均分佈，此卽所以表示比重之影響。在地面下之瀦溜中岩漿定依比重而分離，且因冷卻並不劇烈，先凝結者之部分係在頂部，致分離更易。達爾文、司克羅普、欽格（King）早已承認岩漿中結晶依比重之昇降對於各種岩石生成之重要。

此種移動僅當岩漿之流動性足以使結晶上昇或下降可能時，或當比重大時爲限，是以並非爲一普遍之現象。無論如何，深成岩因含有礦化物及水，故不如噴出岩之黏着，而分結現象往往亦因是而比較容易發生。

固體結晶在岩漿中之情形

在維蘇威熔岩中浮有白榴石結晶，玻質維蘇威熔岩之比重，既爲二·六九（但由著者之實驗爲二·七），則比重爲二·四五之白榴石結晶之能浮游於其上，焉自在意料之中；是以在岩漿中白榴石呈向上之傾向；反之，普通輝石及橄欖石因比重較大，呈向下之傾向。就所得之經驗言之，比重之相差如若不大，結晶並無向底部沈降之傾向；蓋在岩漿中上昇之氣體及岩漿之黏着性皆阻結晶沈降，一方面被在結晶面上之玻質空層亦助其浮游反之如若比重相差甚大則雖在是等情形下，較重之結晶定能沈降。

哈爾開氏（Harker）謂許多玄武岩之所以在面層含有石英結晶者，卽因石英較輕而呈向上之傾向故。至較重結晶之沈降亦易由實驗證明。

茲有一個待解決之問題，卽當由氣體狀態冷卻時，物質是否卽開始分離。是欲解釋此問題可以日球爲譬，其物質在氣體狀態中時已開始逐漸分離，故當時凡較重之物質已向天體內部凝集。又勃萊狄書氏（Bredig）謂向心力之影響亦使岩漿分離；準此成地球之岩漿，其性質頗爲複雜，其所含之最重部分存在地球內部，而最輕之部分存在地球外部。

結晶分結作用

在地球內部之火山岩漿中或在深處孤獨岩漿潴溜中，岩漿之分結無非爲一個假定，至結晶分結或冷卻分結則有以觀察所得者爲根據。在自然界中是項證據不一而足，卽在完全不重要之岩體中亦見之。羅文生蘭莘氏在婆克蒂倍山（Bochtybai）亦見同樣之證據。

礦化物在分結上之影響係減低黏着性；然往往又惹起化學作用，如發生黑雲母或電氣石。是等成分之增富，能惹起特性岩石。

勃羅蓋氏曾想到由電流而惹起分結之可能，然分結之實現尋常多不由電流解釋之；不過電流能使分結加速，又在地球內部之分結亦可因是而發生。白榴石岩與 NaCl 相混時，發生有一二〇電壓及二〇安倍之電流，其影響爲使富鐵分者之玻質物與缺鐵分者之淺色玻質物相分離。在勃勒達索之二長岩與 Ca Cl_2, CaF_2 及低量 $MnCl_2$ 混合融熔時，能導出有一·八電壓之微弱電流，在負號電極析出含鐵分之綠褐色玻質物，而在正號電極析出淺紅褐色玻質物。

在分結作用中，有一件應證明者之重要問題，卽分結出之完全化合物在岩漿中是否已互相分離，或至冷卻時始分離是也。由硅酸鹽類所成之岩漿若經擾動，其各部分不呈若何差別，故不發生分結現象。其中分結作用須待冷卻之際開始，然若含有多量鐵分，則此部分亦能沈降而發生依比重之分結。此問題係與硅酸鹽類熔漿是否離解、礦物分子是否存在或僅有氧化物分子存在諸問題有關。如若只含有礦物分子，反應乃不可能。就化合物共同熔融時發生反應一點觀之，似在熔漿中不僅存有複雜分子(礦物分子)，且恐又有遊離氧化物。當冷卻時是種氧化物聯合而成化合物，然此種聯合是否在結晶以前，抑在結晶以後開始，頗難決定。在分結作用中亦發生複雜化合物之聯合。是種化合物然不必單在熔漿中存在。析離之順序 (Ausscheidungsfolge) 係與分結之順序 (Differentiationsfolge) 相同。此問題以後當考慮之。

對於岩漿中基性部分向冷卻部分移動之事實已由魯活克沙勒氏（Luwig-Soret）從實驗解釋之。此實驗證明一熔融體之冷卻部分比較其他部分為濃厚結晶分結作用（Kristallisationsdifferentiation）之結果藉是乃得正確表明，即分結係依析離順序而實現，其結果概為發生一種基性緣邊相，而後者無非為首先凝固之部分而已。如若冷卻極速，此部分能在壁上或在蓋頂凝固或因較重而沈降。若壓力失去或溫度增高，則此部分復能重行混合。如若分裂完全，則分裂後之岩漿能成種種岩脈，如在麻素尼見之。在是處基性岩體似依比重而聚集於底部，迨壓力減小後，此部分亦即為最後變成熔融體者。

在地下極深之處，岩漿之分裂能不由冷卻分結而發生，是處岩漿之分裂緣於比重上的差別。當地球生成之初，其物質尚在氣體狀態之際，恐有是種分裂發生。在一火山源中，岩漿之分裂亦能依比重而實現，並能在冷壁及在蓋頂部發生冷卻分結；如壓力一旦消失，如是分裂之岩漿重復變為熔融體；結果從一種岩漿發生多種分部岩漿。由以上所述，又知在冷卻分結中，結晶在冷卻面停留，或如若冷卻緩慢，沈降於熔融體中。

分裂　熔漿之分裂實際並不稀見，著者猶記憶石榴石、維蘇威石、橄欖石、普通角閃石等之分裂。如若感受壓力影響，分裂即不易實現，或即因而停止；反之，壓力之減卻助長分裂作用，是以凡通達地面之岩脈恐較相當之深成岩容易分裂。

節體

節體(Schliere)之意義係由萊耶氏所定。該氏謂岩體中性質與別部不同，然以過渡岩體與之相聯絡之部分，謂之節體。岩漿常不均勻混合，故多呈節狀，節體之產生往往與分結有關。希蓋爾氏謂節體能由當初不均勻混合之岩漿發生，然首先結出之礦物之堆積及團結亦能發生節體，是謂核狀節體(konkretionäre Schlieren)。如是產生之黏液性節體能隨岩漿之流動而浮游，並以後能爲流狀之排列，分結出之節體如若壓力一經減小，即能重行混合。

其他一種發生節體之方法，當在凝固中之岩漿尚未完全凝固以先，如若加入新鮮岩漿，則在半軟岩漿中發生節狀體。此種成節體之部分作脈狀排列，但因原來之岩漿當時尚未凝結，故不與之發生顯明之限界，是謂節狀脈(Schlierengänge)。此外由別種岩石碎塊熔融於岩漿中而發生之節體亦不在少數。

又有稱後成節體(Hysterogenetische Schlieren)者之一種，係由岩漿之酸性殘留所成；此種節體有時成巨塊現出。節體中又有呈圓形、板塊狀或黏土狀淺色塊者，如在花崗岩中見之。

化學成分不變時之分結

同化學成分之岩漿之在礦物上的差別，已由羅夫氏指出之矣。著者當一八八五年時曾由數個實驗證明岩石重熔以後，恆不再有同樣礦物成分。此現象謂之同分分結(isotektische Differentiation)，其中並不發生岩漿之化學的分結。伊亭氏亦謂由同化學成分之岩漿能發生礦物成分不同之岩石，且此視結晶時之物理狀況而異。希蓋爾氏及其他學者亦指出同樣之現象，雖此現象普通少有注意之者。

吾人既未知原來之岩漿，故其證明比較證明在吾人眼前分結出者之岩漿爲難，如欲證明之，則必須比較同化學成分而不同礦物成分之岩石。此種情形在實際上少有遇見，蓋吾人在實驗中普通多從有同樣礦物成分之岩石入手。此種情形之所以不爲人所注意者，因吾人過於重視礦物成分完全基於化學成分之理想，致違背于施脫司羅夫氏(Justus Roths)之格言。此格言謂『凡化學成分相同或極相同之熔融岩體能分結而成各種礦物』。許多互相符合之實驗證明凡有相同化學成分之岩石，未必一定有相同之礦物成分，而尤以含礦化物者爲然。經多年經驗而始成立且經著者在許多情形下證實之羅夫氏定律，恐已不爲人所重視，其故因各處皆力求由化學成分而計算礦物成分，或由礦物成分而計算化學成分。然化學成分與礦物成分間之關係，不應抹殺由同一化學成分能發生不同礦物成分之事實。

此項見解與希蓋爾氏在維蘇威熔岩上觀察所得者相符；該氏謂在化學成分上不論如何完全相同，在微晶質石基中析出之顯晶質體却能呈極大性質上的差別，如一七九四年之維蘇威熔岩缺白榴石、一八五五年之熔岩缺普通輝石，但如若將此二時期之熔岩分別分析之，則知兩者之成分毫無差別。次之，礦化物對於礦物之生成亦有關係。同化學成分之物質因含有不同礦化物致發生種種不同之礦物。茲舉數實驗之結果如下：

一、礦物及岩石不加熔劑時之重熔　角閃石重復熔融發生普通輝石，且又因是而發生磁鐵礦或橄欖石，即角閃石等於普通輝石加磁鐵礦，或等於普通輝石加橄欖石。鉀雲母重復熔融發生白榴石及玻質物少許。鎂雲母重復熔融發生普通輝石、橄欖石、尖晶石及一種屬柱石羣之礦物或黃長石、白榴石及普通輝石之混合物熔融後往往不含白榴石。波烏 (Capo di Bove) 之白榴石岩重熔以後，仍成白榴石岩，然化學成分相同之混合物熔融後不發生白榴石岩。

石榴石融解時發生鈣長石及橄欖石，有時或成灰柱石 (Meionit)、普通輝石及黃長石。綠簾石融解時，發生含鈣之普通輝石及鈣長石。葡萄石融解時發生灰長石及硅灰石。

福開氏及米希爾萊韋氏從一種含輝石一份，霞石九份之混合物得灰長石、硅灰石等數礦物。另又得尖晶石及黑石榴石 (Melanit)。又含普通輝石一份，灰曹長石四份，白榴石八份之混合物熔融後，得普通輝石、灰曹長石、白榴石、磁鐵礦及鉻尖晶石 (Picotit)。反之含微斜長石 (Mikrolin) 四份，黑雲母四·八份之混合物熔融後則得白榴石、橄欖石、黃長石及磁鐵礦。

包歐氏、施姆賚氏（K. Schmutz）、倍脫拉斯氏（Petrasch）及利乃辞克氏（Lenarcic）在著者之實驗室中由實驗證明白榴石極易變爲正長石。在白榴石之熔融物中，故有正長石分子存在。利乃辞克氏由實驗斷定在由二種成分合成之熔融物中，普通能產生三種礦物。著者亦能舉出許多同樣之情形。烏克斯氏（B. Vulkits）使脂光石與鋼玉石熔融得尖晶石。又烏尼克氏（M. Vucnik）在由二種礦物合成之熔融物中，往往得三種礦物。在華脫氏之定律中稱熔漿之礦物成分及礦物之個體化（Individualisation）祇與熔漿之化學成分有關。此定律故不可靠。又對於礦物之生成溫度亦有關係，如在迅速冷卻之情形下，由輝石及角閃石發生尖晶石。脈中尖晶石之發生（如在麻素尼及勃勒達索）即由於溫度之關係而並非出於接觸作用。在礦鋅中發生之礦物如黃長石及其他相同之礦物皆在冷卻迅速時發生。又尖晶石不能在冷卻緩慢時發生。當硅酸鐵鹽類迅速冷卻之際，磁鐵礦之分量突然增加。又鋼玉石係當礬土之分量不過於多時發生。畢克氏使普通輝石熔融，仍得普通輝石及一種黯色細片（玻璃？）又由熔融普通角閃石得玻質物、橄欖石及一種無法認識之細片。謬開氏（Mügge）及魯文生蘭莘氏由熔融普通角閃石而得橄欖石。著者常由熔融普通輝石及普通角閃石而得橄欖石，如若種入橄欖石結晶，則此礦物之生成較速。

以上所舉之例表示岩石熔融後，能成種種礦物，蓋依冷卻之速度，岩漿改變其性質，致能結出種種礦物。又由以上舉出之例觀之，凡含有不同礦物成分者之岩漿，在化學成分上不必發生差別；反之由同化學成分之岩漿能產生各種不同之礦物，如因温度之關係能由同種岩漿產生同質二像性化合物（輝石、角閃石）。又壓力影響二像性化合物變化之温度，致惹起深成岩與噴出岩間之差別。當普通角閃石生成之際，壓力有直接之影響，因壓力變化二像性化合物之變化温度然因有礦化物關係，在極小壓力下，普通角閃石亦發生。

輝石與角閃石之關係曾由畢克氏明白說明。在深成岩中普通角閃石代輝石而存在，在噴出岩中則反是。畢氏爲此二種礦物特製出相當之曲線。普通角閃石之生成係與壓力有關；當初生成者爲普通輝石，逐漸冷却後始發生普通角閃石。激急之冷卻助普通輝石之生成，而緩慢之冷卻助普通角閃石之生成。岩石發生破裂時其壓力減小，所含之普通角閃石卽變爲不穩定，或因是熔融或變化而爲普通輝石。普通角閃石之能否生成常視後來之壓力及温度；此外礦化物亦發生一部分之影響。

茲另舉洛善氏(Lossen)及希蓋爾氏之觀察言之，據該輩觀察之所得，謂凡含有普通輝石之鹼性長石岩係較含有普通角閃石者爲富含鹼質，而尤以富鈉分者爲然。其他差別能由礦化物之作用解釋之。

含過多量氟化物及氯化物者（兩者皆爲礦化物）之熔漿之重熔，無論如何決不能完全發生如羅夫氏所舉之現象，蓋氯化物中之金屬至少能使熔漿惹起細小變化，而此轉能惹起礦物成分之極大的變化。就著者實驗之所得言之，凡含有 $Al_2O_3 \cdot SiO_2$ 之岩漿依各種氯化物之加入發生石榴石或灰長橄欖石（普通輝石），含有 $Al_2O_3 \cdot 2SiO_2$ 之岩漿或發生雲母或發生白榴石、霞石、黃長石及正長石。一種含有

$Al_2O_3 \cdot 6SiO_2$ 之岩漿發生鉀長石及鈉長石；由分裂作用(Abspaltung)能發生白榴石、霞石及鱗石英、石英及酸性玻質物。如若含氟則可發生雲母。

茲將著者及其他學者所得之結果綜合示之如次：

普通角閃石與過多量之氯化物發生黑雲母。

普通角閃石與低量之氟化物發生橄欖石、鎢酸鉀、普通輝石及正長石。

普通角閃石與釩酸鈉發生玻質物、鈣長石及黃長石。

白雲母與金屬氟化物發生柱石、白榴石及霞石。

白雲母與過多量之金屬氟化物復發生雲母。

普通輝石與氟化物發生橄欖石及鈣柱石(Meionit)，與過多量氟化物發生黑雲母。

白榴石與過多量之 MgF_2 發生黑雲母。

白榴石與過多量之KF發生白雲母，在溫度極高之狀況下，復成白榴石；與鎢酸能發生正長石或復成白榴石。

是項實驗又與地質上的觀察一致。在正長石、白榴石及雲母間，存有生成上的關係。培克斯脫倫姆氏由重融黑雲母曾得橄欖石、白榴石、玻質物及尖晶石。伊亭氏謂在阿普撒羅街(Absaroka)之含白榴石之岩流在生成上係與富含雲母之正長雲母岩 (Minette) 有關。勒克羅斯氏稱在索謨 (Somma) 之白灰色玄武岩 (Leukotephrit) 含有富正長石之鹼性方沸粗輝綠岩 (Teschenit) 之包裹物。又在拉丁姆 (Latium) 之白榴石岩係與富透長石之岩石有關，在深處生成者含有正長石（代白榴石而產；如由白榴石熔岩中之包裹物視之，熔岩本體並不含有白榴石）。在高壓下正長石似較白榴石爲易發生。此現象一部分似又與所含之礦化物有關。在正長石熔漿中，似有白榴石份子存在。在高溫度下，白榴石係較正長石容易發生。

第六章　火成岩之年順

歷年以來，地質學家對於酸性岩漿及基性岩漿之新舊研究不遺餘力，以致不免發生完全相反之見解。是項見解綜合言之，可分爲二派：一派主張基性岩較舊，酸性岩較新，一派主張酸性岩較舊基性岩較新。言雖如是，其實並無新舊之分，如強欲概括分之，殊非正當；加以不同之區域其情形亦不相同。

當初之見解，以爲在化學性質不同之火成岩間（尤以在酸性岩及基性岩間）存有一定之年順。此見解恐受地中岩漿排列之影響，例如法國考察家對於基性岩爲較新岩石之見解予以辨護，且由福開米希爾萊韋在法國中部經精密研究證明之。他如在意大利火山區域亦示同一情形。在朋薩島（Ponzainseln）最新之岩層爲玄武岩。在峯托推尼（Ventotene）最舊之岩石爲石英粗面岩（Liparit），在撒地尼亞之斐魯山較新之岩石爲玄武岩或至少其一部分，在是處且發見由舊酸性粗面岩以至基性白榴石玄武岩之有規則的連續系統，此情形係與中部法蘭西之連續系統相符。如若列入斐魯山之單獨火山，則此連續猶得繼續。此火山之大部分係由富橄欖石之基性岩所成。在斯多倫波利謀加利（Mercalli）有安山岩及玄武岩。又在落機山及諸易瓦達，岩石之連續爲由安山岩以至粗面岩、流紋岩及玄武岩。由酸性以至基性岩之連續，在噴出岩中，其例不少，然視基啓氏證明所得相反之情形自然難免，如在不列顛羣島見之。

至關於在一定區域內之許多火成岩之年代，李希霍芬、伊亭及基啓謂以中性岩開端而以基性岩或酸性岩終止，伊亭氏並以此爲尋常分結作用之證據。然一方面仍有其例外，因單獨祇有酸性岩或祇有基性岩之區域亦隨在能見，例如在威德角（Capeverden）全無極酸性之岩石，在加那列羣島亦如是。又在朋薩羣島、帕爾馬羅拉（Palmarola）與紮諾尼（Zannone）祇見有酸性岩漿或中性岩漿。在波層（Bozen）被覆在一廣大高原之石英斑岩亦不過爲一種酸性岩。在許多花崗岩區域中雖花崗岩占有廣大面積，然並未見有基性岩，是以在是等區域分結作用並不發生。分結之傾向似爲中性岩之特性。

吾人對於火成岩年順之觀念，常受一方面的影響，如照前文所稱，吾人從前概視連續之順序爲由酸性以至基性（如在第三紀火山區域中常見之），然自承認分結說以來，向來之觀念爲之一變，而反認自基性以至酸性爲正眞之連續順序。地質學者皆認年代之決定往往爲一難事，即專考察家之結果，往往亦能完全相反。在性質上相同之岩石往往不經證明而認爲有相同年代者，亦常有其事。凡此種種之困難，皆使岩石之年代不易確定。

勃羅蓋氏謂深成岩之連續係以基性岩居首，中性岩繼之，酸性岩最後，然亦謂岩石能突然變爲基性。此種情形尋常似不能發見。推愛爾氏從分結作用推論岩石之連續，亦得上項之結果，如在亞美利加及英吉利由基性岩以至酸性岩之連續，其例極多，然末後常見有酸性岩回復至基性岩之勢。如由勃羅開氏證明，此種連續在克立斯坦尼亞志留系區域中頗爲顯明。在麻素尼及勃勒達索，酸性花崗岩係較中性二長岩岩漿爲新，但最後產生極基性之閃長煌斑岩(Comptonit)。至就岩脈而言，岩脈之由主岩漿分結出者，其手續必與岩漿之分結同，故照勃羅蓋氏之意見，在脈中酸性岩常爲最新之岩石；此情形多見於克立斯坦尼亞區域，然有時則不然，而即在克立斯坦尼亞區中，閃長煌斑岩（伴白榴性正長岩）間或爲最新之岩石。基性殘留之噴出，往往表示破裂作用之末葉。

至就噴出岩言，其由基性岩以至酸性岩之連續並非不能實現，此即表示在噴出岩、脈岩及深成岩中，由酸性岩以至基性岩之連續，並不一定，但在不同之區域，能發見不同之連續。如若吾人能同時注意冷卻分結作用及比重分結作用，則可明瞭此種情形並非無理想的根據。

今試設想有一種能發生分結作用之岩漿瀦溜：在瀦溜之頂部及邊緣先結出基性部分。如若冷卻作用進行順速，先時結出者之一小部分能附着於岩壁或向下沈降。如若向下沈降，則發生二種情形：即下沈之結晶是否再在火熱底部融解或在底部成一基性層。火山破裂時，當初噴出者爲基性岩漿，次爲酸性岩漿，終則仍爲基性岩漿。岩漿噴出後，各成岩漿層，若上面之基性岩漿層極薄，酸性岩漿復能與基性岩漿混合而因是首先發生中性岩漿層，酸性岩漿層次之，基性岩漿層再後。但在上部如若並無基性岩漿層發生，則酸性岩漿層首先現出基性岩漿層繼之。分結並凝固後之岩漿因減受壓力亦能變爲流質，而依其中基性及酸性分部岩漿之位置依次變基性岩漿或酸性岩漿流出中性岩漿如在上層亦能首先流出，而此時並爲酸性岩漿與基性岩漿之混合物。若岩漿凝固迅速，並含有微量之水及晶化物（水與晶化物皆使黏着性減小，）則在上層不發生分結作用，故首先噴出者爲原來之岩漿；然在下層仍起分結作用，致分別結出酸性岩漿及基性岩漿。至末後流出者之極基性岩漿（例如以閃長煌斑岩爲代表），則可由底部基性岩層曾依比重發生分結作用解釋之。

深成岩與噴出岩之在年順上之區別　勃羅蓋氏曾謂此二種岩類之年順似往往相反。深成岩時代之決定，概較噴出岩爲難，此情形可以克立斯坦尼亞及勃勒達索二區域爲例示之。此二者雖恐爲調查最充分之區域，然考察家對於此二區域年順之意見皆各各相左。如勃羅蓋氏所言，在此二區域中年順決非一定，在勃勒達索之基性輝石岩當非如在南那威者爲一種古代產出物。在深成岩中由基性以至酸性之連續似較噴出岩中爲普通。

在深成岩中由基性以至酸性之連續，達萊氏信爲眞確，而以岩漿在圍岩上之作用解釋之。該氏謂近圍岩之岩漿惟基性岩漿爲原來分結物，至其地之酸性岩漿則爲含酸性岩之基性岩漿。如是則酸性岩漿能由基性岩漿熔和酸性岩而成，且與米希爾萊韋之同化相符。基性岩沿裂縫上昇頗速，故其現出比較緩緩穿融岩石而上昇者之酸性岩爲先。

岩石之先後又可與岩漿之流動性一幷討論。基性岩漿係較酸性岩漿爲易流動，故易流出滴潤於火山管道中之海水對於此點當亦有關係。若酸性岩漿因受取多量水分以致流動性增高則此岩漿亦向地面上昇，且因其較輕並能噴發噴盡後復繼以基性岩漿。此解釋（爲亞漢尼司所創）當在許多情形下適用。

著者綜合以上之所述制定一種規律如次：在水成岩區域中，無酸性岩及基性岩一定之連續。勃羅蓋氏及其他學者所假定之連續（即當初爲未曾分解之中性岩漿，次爲基性岩漿，末爲酸性岩漿）惟在岩盤及岩漿瀦溜之蓋頂部適用，在是處最先分出基性岩漿，然如以前所述，一極複雜之作用有時亦能發生，致岩石之連續爲之一變。若在岩漿瀦溜中，發生依比重之分離，則酸性岩漿能首先分出。

火山噴出物歷代之變化

許多火山在其各時期之產物中，示頗堪注意的均一性；其他火山在其產物中僅略示變化，如在維蘇威的熔岩中，僅在 SiO_2 之含量上略示變化。久在活動中之火山能噴出性質上差別甚大之酸性物及基性物，如第三紀之火山慣呈此特性，但在現今活動之火山，其噴出物之性質少呈如是大之差別。當第三紀時期，在匈亞利意大利發生巨量酸性噴出岩，然在其他區域，則發生極基性噴出岩。自第三紀後期以來，基性噴出岩開始堆積在火山羣島中。

吾人如若承認地中岩漿依比重而分離，則上昇岩漿之性質自必視其原來所在處之深度而異；如若係從岩漿瀦溜流出者，則其噴出物有逐漸變爲基性之傾向，因在岩漿瀦溜中能發生分結現象。自第三紀末葉以至現世，基性岩似噴出較多。如若檢查各時代火成岩之基性程度，則察見在某一時期，酸性岩噴出較多，而在其他一時期，基性岩噴出較多。此種情形可由地質作用解釋之。畢克氏嘗比較安地山與婆孟之岩漿時，指出連鎖山之側壓力使安山岩之輕岩漿流出，斷裂作用使重岩漿流出。至此是否爲普遍之情形，則尚未決定。大西洋中之火山島每爲極重之岩漿所成。是項岩漿係由斷裂作用從深處送出。由是可見深處或稍深處岩漿之能否流出地面，須視以後之構造作用。然岩漿噴出時之情形及速度，亦影響岩漿之性質。凡緩緩融解上層岩石而達地面之岩漿，能逐漸變爲酸性，大陸火山（安地山）之岩漿每較火山羣島之岩漿爲酸性，其故或因基性岩漿在海底極深處，比較在大陸深處容易融解上層岩石而流出。

對於基性噴出岩，基泰孟氏曾指出某種基性深成岩及蛇蚊石岩（尤以蛇蚊岩、輝長岩爲最，其岩漿皆爲基性）係與硅質片岩（放射蟲岩）同地現見。硅質片岩既爲深海產物，故從深海噴出者常爲基性岩漿。此事實又可從島火山亦與大陸火山同樣從地面深處搬出基性岩漿一實情證明之。其間差別在島火山基性岩漿搬達地面時，仍爲基性岩漿，而大陸火山則因以後融入別種岩漿而變爲酸性。

火山岩之岩石的特性及其與時代之關係

岩石之分類，無論以礦物成分，構造或化學性爲基礎，要皆純屬人爲，故如凡成因及年順不同之岩石是否必在分類特性上發生差別，或分類上相同之岩石在成因上是否亦相同，又異類屬之岩石在成因及時期上是否發生差別等種種疑問仍屬難免。從眠息火山之硏究，往往不易決定凡礦物性及化學性相同之岩脈或熔岩是否產在同一時代；反之，化學性及礦物性不同之岩石雖似可認爲非同期之產物，然如斯都倍爾氏所言，此非一定眞確也。若謂同樣之岩石爲同期之產物，無非爲任意之假定。就深成岩言，往往甚難決定岩石性相同之岩石是否屬同一時期。在同一火山區域中，在性質上許多完全相符之岩石能分別在各個時期產出，故同類屬之岩脈其生成時期上不必亦相同。

在第三紀火山中，吾人常見相反之情形。勒克羅斯氏新近證明某處連續噴出之岩石在構造上及礦物成分上皆呈差別；準此可見性質不同之岩石，其噴出時期不必一定不同，猶如岩石性相同之岩石不必俱爲同時期之產物。

第七章　岩石之包裹物

深成岩中之異種岩石包裹物(Einschlüsse)就多方面觀之爲一重要之問題;其存在不但便於岩石年代之檢查,且與成因具有重要關係。包裹物分內外二種:前者在成分上與岩石之岩漿有關係,後者與岩石毫無關係,而無非爲圍岩(Nebengesteine)之破碎物。在同一火成岩區域中,其各種火成岩之比較的新舊往往祇能從其所含之包裹物決定之,然在用包裹物以定岩石生成之先後以前,先須決定包裹物之性質,換言之,先須決定其爲內包裹物抑爲外包裹物。對於岩石中之包裹物,勒克羅斯氏研究最詳。

勒氏亦分兩種包裹物:其一種稱爲異種的(enallogene),其他一種稱爲同種的(homoogene)。前者爲如火成岩中之黏土、石英岩、砂岩及方解石等岩塊。是等包裹物完全與其外面岩石不同;後者在成因上及成分上與外面岩石有關。包裹物能見於塊狀岩或噴出岩中(如在岩脈、岩株、岩流中),或成疏散噴出物見於凝灰岩中。凝灰岩似爲岩石中含包裹物最多之岩石,如意大利火山之凝灰岩皆盛含包裹物。異種包裹物因其與岩石之腐蝕及同化具重要之關係,故最能惹起吾人之興趣。岩石中包裹物所受之變化,係與圍岩所受者相同,但變化之程度係較圍岩爲甚。一部分之變化(如玻璃化)係屬腐蝕性。在岩盤中是種變化指示大量水分及低下溫度。然在酸性深成岩（花崗岩、正長岩）中，則無是種變化。

除腐蝕性變化外，普通又有重融及重復結晶作用，有時在包裹物之緣邊部經岩漿之作用發生新礦物。變化之情形係與岩石（卽含包裹物之岩石）之礦物成分、化學成分、溫度、冷卻速度及壓力有關；又包裹物之化學性亦極重要，因凡難熔融之礦物如鋼玉石、矽線石、鋯石不易受岩漿之影響，卽難發生腐蝕性變化。

包裹物上腐蝕作用之影響係限於緣邊部數粍以內，其結果時常發生接觸礦物，而尤以在灰石包裹物上爲然。酸性岩作用之影響，因含有礦化物自然比較酸性岩爲大，故其範圍不必一定限在緣邊數粍以內。此情形係與畢克爾氏之實驗相符，而係爲酸性岩高溫度之結果（酸性岩融點比較基性岩融點爲高）在實驗中以無礦化物，故岩漿對於包裹物之作用每較自然界中爲小。勒克羅斯氏證明粗面岩中包裹物之變化並非因與岩漿直接接觸而發生，但係爲具揮發性之成分所惹起。

又在酸性岩漿中包裹物體積之影響較弱；反之，岩漿化學成分之影響較強。至論熱在數礦物上之影響，如黑雲母重融而變爲尖晶石及紫蘇輝石，石英變爲鱗石英，長石重復結晶等皆是。在人造熔融物中，著者亦得同樣之結果。花崗岩中之包裹物常含有新成之石英；又在粗面岩中之包裹物常含有鱗石英；凡此皆爲包裹物感受高熱影響之結果。

舊安山岩及粗面岩中之包裹物的研究頗饒興趣，如在蒙脫特山（Monte-Dore）之舊安山岩及粗面岩中，其包裹物含有下列諸礦物：普通輝石、紫蘇輝石、鍇石、普通角閃石、雲母、鐵橄欖石、鱗石英、輝鐵礦、磁鐵礦、假板鍇礦。

對於石灰岩，酸性岩漿之作用係與基性岩漿之作用相同，其結果皆成硅灰石、石榴石、輝石、鈣長石、磷灰石、榍石，如在索謨山(Monte Somma)即有其例。著者信在是處除有水之影響外，又有氯化鈣、氯化鈉、氯化鎂或又氟之影響。

岩漿在黏土上之作用往往惹起堇青石，在石英岩上之作用惹起次生玻質包裹物、鱗石英。含長石之包裹物依所受之作用常示極不相同之變化，其所含之紫蘇輝石往往變化而為單斜普通輝石及尖晶石。輝綠岩及閃長岩中之包裹物其受腐蝕之程度係較粗面岩及安山岩中之包裹物為淺，其一部分之原因在因粗面岩及安山岩有較高之融點。

希蓋爾氏對於各種岩漿在各種包裹物上之作用為下列之決定：在高溫時一種酸性包裹物不受岩漿之影響，而基性包裹物則受岩漿之影響。在低溫時酸性包裹物受基性岩漿之影響而基性包裹物則並不受岩漿之影響，然在同一岩石中，同時能含有經變化者及不經變化者之包裹物。此種問題在同化說中為一極有興趣之事，在下章中當提出討論之。

內包裹物（即同種包裹物）　火山岩由深處帶出包裹物。是等包裹物係與岩石之化學的及礦物的成分有關。此中關係勒克羅斯氏區分之爲二種：一、火山岩中之包裹物能含有完全與岩石相同之成分，二包裹物祇含有岩石之數成分。凡含有熔岩平均成分之包裹物係爲熔岩之粒狀產物，至基性包裹物則無非爲其分結物而已。

包裹物普通可分爲與噴出岩相當之全晶質深成物及較岩石爲基性之產物，其中以第一種爲最普通。其構造表示其爲從深處帶出。在聖提阿科島(S. Thiago)見有大塊深成岩（如閃長岩、輝綠岩、鹼性方沸粗輝綠岩及正長輝長岩）於侵蝕噴火口之基部。此即表示噴出岩體與深脈相聯絡之一證。在安推亞(Antão)之響岩中見有許多含榍石之包裹物，此外又有許多疎散榍石結晶。至較岩石爲基性之包裹物亦不少，如在粗面岩中常含有閃長輝綠岩質包裹物；在玄武岩中含有普通角閃石、輝石、橄欖石、磁鐵礦、磷灰石及鈦鐵礦等凝集物，然黑雲母則甚稀見，其故或因當岩漿上昇之際，黑雲母變化而爲輝石或橄欖石。在岩石與其包裹物間恆存有一種在成分上之關係，如在含白榴石之響岩及白榴石岩中，其包裹物往往亦含有白榴石。

勒克羅斯氏由觀察而決定在粗面岩質岩石中發生與在玄武岩質岩石中相反之情形，因在粗面岩質岩石中常含有成分相同之粒狀岩石，而基性包裹物則稀見；反之在玄武岩中少含相當之全晶質包裹物，如有之，決爲普通角閃石。此情形指示普通角閃石概在深處生成，此項差別恐因酸性岩及基性岩含有不等量礦化物所致。

至同種包裹物或然的生成方法，以勒氏所舉之事實恐能解釋之。該氏謂基性岩比較粗面岩質岩石多含基性結出物，其故因在粗面岩質岩石中基性物之生成須有礦化物，而在基性岩中（如在玄武岩中）則並不如是。至基性結出物是否為上昇之岩體或由分結而發生，則當依情形決定之。如在透長岩中勒氏認其恐由氣體及晶化物之作用而發生。然尋常概與岩漿中節體之生成或結晶分結作用有關；凡先成之結晶亦即為首先分出者。

旦寧堡氏(Dannenberg)由研究七脈山(Siebengebirge)火山岩而覺當包裹物與其外面岩石接觸時所發生之變化，係與二者化學性的關係有關。在玄武岩中鋼玉石及鋯石包裹物不發生任何變化，而磁鐵礦及硫礦鐵礦包裹物則感受激烈變化，並因是而發生富礦物之接觸帶。在玄武岩中長石孤獨時不發生重要變化，而石英及砂岩則發生酸性長石及普通輝石團塊。又花崗岩質包裹物亦感受變化。在含硅線石、鋼玉石及橄欖石之片岩中發生尖晶石；此與著者之實驗亦相互合。在片岩中常發生劇烈同化作用。

約翰氏(V. John)由觀察而揣定在許洛克奧(Schluckenau)之玄武岩中，含有輝長岩及花崗岩包裹物。玄武岩在包裹物近旁往往富含玻質物，是處輝長岩融解，而花崗岩質包裹物變為含尖晶石及堇青石之玄武岩玻質物。又玄武岩曾從包裹物提取石英。

橄欖岩團塊❶　在玄武岩中，常見含有似包裹物之團塊，而係由橄欖石、古銅輝石、鉻透輝石、鉻尖晶石、普通角閃石及磷灰石（間又紅榴石）所合成。是種集合體間或亦成獨立的噴出物（如火山彈）。依一部人之見解，包裹物爲一種在深處之岩質物，而據另一部人之見解，謂應視爲地內較舊的分出物。伯勞脫利亞(Bleitrea)及希蓋爾謂團塊爲在地面下異種岩石之碎塊，並引許多橄欖岩團塊之片理性爲佐證。至對於何以別種第三紀火成岩不含是種橄欖岩團塊之疑問，畢克爾及希蓋爾氏答以因岩漿具有稍高溫度並因含有稍多硅酸，其包裹物皆已爲之因融解而消失。此見解就橄欖石之並不容易融解一點觀之，恐不可靠。然在玄武岩中既間或存有橄欖石團塊，則似有假定地中含有橄欖岩層之必要。是等橄欖岩係與基性深成岩一并移動。橄欖岩之局地廣布似在多處地方存在，例如見於卡浜斯坦小火山者是。吾人亦能揣想大塊橄欖岩之發生爲岩漿分結之結果，是等橄欖岩亦多同玄武岩移動。一方面著者亦能證明凡富含氧化鎂之硅酸鹽類人造岩漿亦產生與團塊相同之分結物，而橄欖岩團塊可視爲岩漿分結之產出物。摩洛斯活克氏亦得同樣之結果。

[1] 在烏撒克氏及著者之工作中所得之觀察皆分明表示橄欖岩團塊爲岩漿之最古分出物。

且寧堡氏對於橄欖岩團塊生成之問題終無解決辦法。勒克羅斯氏視其爲過基性深成岩漿分結之結果；是等岩漿在有處地方成固體岩石而現出，其下部則尚未凝固。此尚未凝固之部分以後穿固體部分中之橄欖岩層而達地面，成爲玄武岩。在卡浜斯坦橄欖岩破片與石英碎塊相並存在於火山灰中，準此則在成火山灰之岩漿中橄欖岩塊早已從岩漿分出並成固體。

希蓋爾氏根據在費根堡(Finkenberg)之研究，一再重提包裹物之問題，且曾得重要之結果。對於當地橄欖石團塊、輝石石榴石及硅線石之凝集塊，該氏研究尤爲詳情。希蓋爾氏亦以此爲當初不均質岩漿混合物分結之結果。該氏以之與組織節體(Konstitutionschliere)相比擬；是類節體亦由分結而發生。希蓋爾氏又曾研究玄武岩中之尖晶石及藍寶石之成因，並與摩洛斯活克氏皆信是二種礦石在玄武岩中不能生成。胡克尼克(Vucknik)與胡割斯(Vukits)曾在著者之實驗室中指定尖晶石及藍寶石僅偶然能由不飽和之礬土硅酸鹽類產出，其中冷卻之情形惹起一種重要之影響。基蓋爾氏謂藍寶石之生成係與橄欖岩團塊有關。著者就該氏觀察之所得及硅線石之外觀觀之，似可決定其爲摩洛斯活克規則之一例外。又包歐氏(Bouer)亦以鋼玉石在玄武岩中之產出爲不可能。

第八章　同化及腐蝕

火成岩間之差別尋常視爲一岩漿分結之結果，或爲在一獨立岩漿瀦溜中由岩漿分結發生各種岩漿所致。與此見解相左者，尙有一個假說。此說稱火成岩間之差別係爲火熱岩漿在周圍岩石上發生腐蝕作用之結果。無論如何，若以爲僅有熔融而無分結，雖不應承認，然一方面若附和分結說者完全不承認岩漿之在周圍岩石上之影響，則亦未當。

吾人先欲講述岩漿之腐蝕及重熔，次論火成岩之苛性作用並在此基礎上證明同化說。

岩漿腐蝕及礦物之重熔　在噴出岩之成分中，往往察見岩漿腐蝕作用之現象；此現象係以岩漿殘溜之在初次分出之成分上的作用解釋之。由詳細之研究，知地內生成之成分並非皆經均一的腐蝕作用，其中僅有數種成分呈示較易腐蝕之傾向，例如普通角閃石是；反之，如普通輝石則少示經腐蝕作用之外觀。此外又有機械作用，例如使結晶分裂，破碎爆裂彎曲等諸作用是。至使石基變圓或彎曲之作用是否亦爲化學的腐蝕作用則恆不易證實。依據谷克（Küch）之意見，在石英中此項現象亦能由結晶依分裂面之分裂而發生。

腐蝕現象多見於首次生成之岩石成分中，次見於礦物包裹物及岩石包裹物之破片中；對於是種現象，因岩漿上昇而發生之壓力變化亦不無影響，希蓋爾氏對於在普通角閃石、橄欖石、黑雲母等緣邊部之腐蝕現象曾舉多數由觀察而得之實例。腐蝕現象亦能在礦物內部見之，在普通角閃石內部之腐蝕現象希蓋爾氏謂由腐蝕晶之重行生長所致。此現象然亦能因岩漿現細脈縫侵入而發生。在玻質岩中腐蝕現象則未之見。普通角閃石經腐作用發生一種暗而不透明之緣邊部，而係爲普通輝石及磁鐵礦所成，且據希蓋爾氏之主張，恐又含有性質未確定之硅酸鐵。其他礦物不因腐蝕作用而發生普通輝石，但成一褐色多色性礦物；對於此問題，海蘭氏 (Hyland) 擬從詳討論之。

雲母之生成間或亦能由氟化物之作用而解釋。至隨處生成❶之橄欖石係爲普通角閃石重行熔融之產物，故容易明白解釋；較爲難明白者爲雲母之褐色多色性薄片。黑雲母經腐蝕作用後其緣邊部發生普通輝石及磁鐵礦，此現象當石基愈爲結晶質而玻質物愈少時愈爲明顯。在玻質岩中黑雲母之緣邊部不呈腐蝕現象，而此畢克氏係以受過低冷却 (Unterkuhlung) 解釋之，故似與時間有關，魯桑浦書氏謂當岩漿迅速凝固而成一玻質基時，其中所含之黑雲母不受岩漿腐蝕之影響；然此見解勒菏利亞氏則反對之。該氏由實驗證明黑雲母一經岩漿之熔融作用，卽能發生黑暗緣邊部 (Opacitsaum) 然此緣邊部之發生，頗與溫度及所含之氟化物有關。橄欖石經同樣作用發生暗色緣邊部，然仍極稀見；又普通輝石僅偶然發生變化，紫蘇輝石在各種情形及壓力下皆不發生變化。

❶ 使普通角閃石重熔卽發生橄欖石。

他如弗蘭克亞丹(Frank Adam)所引述之橄欖石上之紫蘇輝石帶，頗能引起趣味。此帶該氏以腐蝕帶目之。雖然吾人仍須記憶橄欖石經重復熔融作用能發生普通輝石或由普通輝石而發生橄欖石。至同樣之普通角閃石帶是否亦能由水分之變化或由岩漿之作用而發生者，該氏則未能決定。

著者在許多情形中（例如指黑雲母及普通角閃石言）指出天然岩石上之現象與人造岩石上之現象之相同處，並指出較高的溫度至少當足以解釋是等現象之一部分。又一種礦物之與多數礦物的交替亦爲現象中之一種。此現象係見於白榴石、普通輝石及斜長石中，而此希蓋爾氏以岩漿的被殼假像(Magmatische Perimorphose)稱之。如玄武岩中之普通輝石其內部有時爲玄武岩之成分（如斜長石、白榴石、普通輝石、橄欖石及磁鐵礦）所占有。在索謨山之岩石中，蘭姆斯堡(Rammelsberg)稱有呈白榴石外觀之透長石及霞石。又烏撒克亦曾述及白榴石中之是項現象。

是項現象之發生狀態尙未能完全明瞭。據蘭堡氏(Lemberg)之假定，稱白榴石被殼假象之發生係出於鈉鹽類之在白榴石上之火熱化學作用。烏撒克氏則信白榴石結晶生成後因壓力減低，此礦一部分變爲液體，而其地位後爲岩漿所佔有，故以後從岩漿結出之礦物仍示白榴石之形狀。著者以後之實驗其目的雖不同，但所得之結果亦助長是項現象之知識。白榴石遇黏性岩漿（響岩）卽起腐蝕作用而於是發生霞石及正長石結晶；是等結晶團集在岩體中，而如在多數天然產出之岩體中一般，其形狀概不完全或極不完全，其成完全結晶者則極稀見；結晶完善時，其腐蝕程度不深。腐蝕作用恐係先沿脈縫而發生，逐漸侵入內部。平滑之結晶面以抵抗腐蝕之能力較強，故得保全較久。

希蓋爾氏謂除受岩漿的作用而起化學的變化外，同時又受機械的影響，致在緣邊部之暗色結晶個體呈破碎之現象。在硅酸鹽類熔融體中如在溶液體中然，媒熔劑在結晶面上之腐蝕比較難以實現。結晶之破碎亦能由溫度之變遷而發生，如當迅速冷卻之際定必有此現象發生，故因受眞正機械作用之影響而破碎者，尙在其次。

在凝灰岩中往往察見帶銳棱之結晶而較同伴熔岩中之結晶尤爲美觀。形狀較完善之結晶，恐係在薄液狀岩漿中發生，亦未可知，然以不呈腐蝕現象一方面觀之，似熔岩（在此岩中有是等結晶發生）當生成後卽行粉碎，致無受腐蝕作用影響之機會。

在維蘇威之熔岩中，許多普通輝石具有較相當白榴石中爲銳利之棱，其故因普通輝石爲非地內所成（白榴石在地面下生成故不同），是以不受腐蝕之影響。然就普通言，卽同時或幾乎同時生成之礦物依其與岩石在化學成分之關係及其在岩漿中之溶解性之不同，其所受之腐蝕影響亦異。岩漿之化學成分與礦物之化學成分相差愈大時，岩漿之腐蝕作用亦愈強。多爾德氏及烏撒克氏爲模倣腐蝕現象起見，各有其實驗。腐蝕之影響係與時間及溫度有關。在普通角閃石中發生細小普通輝石結晶及細小磁鐵礦顆粒，其所成之暗色緣邊，謂之黑暗緣邊(opazitische Rand)。在許多火成岩之普通角閃石中，此緣邊帶皆得察見。橄欖石經玄武岩質及響岩質岩漿的作用而所受之變化有限。在石榴石中發生二種變化：在一變化中，並不察見新成之礦物，而僅見發生纖維及混濁狀態，在另一種變化中，察見尖晶石及綠色普通輝石，此二者皆由變化而發生。在鐵橄欖石熔漿中石榴石成尖晶石、玻質體及一種似普通輝石之礦物。在石英中僅發生孤獨次成包裹物。

著者對於各種礦物之在各種岩漿中之融解性，曾經一度實驗。由所得之結果觀之，凡有高融點之礦物似較諸有低融點者易被熔漿攻擊，然仍有其例外，例如在響岩熔漿中有低融點之白榴石反易被熔漿攻擊。

腐蝕及重熔之原因　壓力及溫度之變遷，皆爲腐蝕之原因；岩漿迨一部分凝固後，餘下之較酸性的岩漿殘留（即成石基之部分，其成分已與原來之岩漿不同）復有融解能力。此外過飽和狀態亦有關係，因當結晶析出時有熱發生，而熱使預先分結出者之礦物之融解能力增強。若岩漿殘留冷却迅速（如當發生玻質物時），岩漿之溫度即迅行低降，以致岩漿之腐蝕能力變弱，然一經壓力或溫度之變化，殘餘之酸性岩漿仍能發生強有力之作用。此二者（壓力與溫度）之變化爲腐蝕之原因。

壓力之減小足以使岩漿之融點低降，或使岩漿融解能力變強，故壓力減小之結果爲惹起腐蝕作用。次如岩漿之温度亦能因有結晶結出而增加，而温度增加之結果亦爲惹起腐蝕作用之因。又壓力之變化亦能惹起水量及礦化物之變化，故礦物（例如普通角閃石）中因壓力減小而不能存立者，尚不在少數。普通輝石係較普通角閃石爲穩定，蓋若無礦化物及水，普通角閃石即不能存立。

在深成岩中水之散失（水在高温度時有如酸類之作用）能惹起變化，玢質岩之所以在緣邊部不呈腐蝕現象者，除與結晶熱之散失及急速冷却有關外，又因緣邊部不含巨量之水及礦化物。

重熔順序　希蓋爾氏假定重熔之順序係與分結之順序相反。該氏介紹勒痾利啞之意見而稱石英、正長石、鈉長石爲首先重熔之礦物，然就實際而言，此非盡然。著者從實驗決定橄欖石、鋼玉石、石英、白榴石比較不易重熔。前者二礦物從岩漿首先結出，故亦即爲最後重熔者。至石英則不依此規律，蓋其結出並不單因其融解性，但亦與其在高温時之穩定狀態有關。白榴石往往亦不輕易融解，雖其並非爲最先結出之成分。

由温度及由壓力而發生之影響往往視爲相等，然此決不確當。蓋就吾人對於温度在溶液上之影響所知，温度之影響不能與壓力之影響完全同爲重要。希蓋爾氏謂壓力之遞減係與温度之增加相當，然由實驗所知，著者覺壓力大量的減小適與温度小量的增加相當。又壓力之減小並不使諸種成分爲同程度的重熔。

接觸帶圍岩之腐蝕

在接觸變質章中火成岩在接觸帶所惹起之變化，自應予以詳細的解釋；是等變化之範圍往往頗大，且能惹起新岩石及新礦物之生成。此外又須注意者，爲苛性作用以及岩漿經岩壁作用而自身所受之變化。屬純粹苛性作用者，有燒、焙、及玻璃脫化作用，如在砂岩、石英岩、黏土、泥灰岩、及石灰岩上見之。猶須注意者，純粹苛性作用恐祇噴出岩或脈岩有之，深成岩則無此作用。熔岩雖能惹起苛性作用，但其影響不大。熔岩與褐炭相接觸能發生炭化作用。達爾文報告在希克納堡(Signalberg, Kapverden)之石灰岩中發見經熔岩流所惹起之變化，然據著者之觀察似並不重要。

至水化學的變化係屬同化作用範圍內的問題，故不列在本處討論。岩脈實際有與岩流同樣之作用。岩流或同處多數岩脈包圍別種岩石時所惹起之影響極大。在同化作用中，岩漿在深處之癖性實爲一個重要問題。

同化作用　上昇之岩漿能在脈縫壁上及所穿過之岩層上惹起化學的或其他的影響。然此種影響在岩石上層定不能大，而就岩脈及岩盤言，此往往爲實際情形。又成岩流之基性岩漿其影響亦有限。用土堝或瓷堝試驗時，堝壁所受之影響亦頗微弱，而即使温度極高時亦然。岩塊因在岩漿中能自由移動，其所受之影響天然極大。在地下深處岩漿如若緩緩移動，其影響必大，如岩盤在凝固以前之影響是。克勒脫納(Credner)物羅開及華脫皆否認同化說。一般法國考察家近來謂岩漿在圍岩上之作用具有機械作用之性質。拉克萊氏(Leclère)當研究弗蘭維爾花崗岩中之包裹物的化學成分時，察見花岩崗之成分發生變化。此變化係與在圍岩上由變質而發生者適相反，而係爲包裹物在花崗岩未凝固以前在花崗岩上發生化學影響的結果。畢克氏則謂此種包裹物爲基性分結物。

魯文生蘭莘氏重視同化說或熔融說(Einschmelzungstheorie)。岩漿不惹起大範圍的熔融作用時，其影響爲發生新鮮礦物；如若惹起大範圍的熔融時，其影響又惹起分結作用。如若富氧化鐵及氧化鎂之基性岩漿呈奮力與酸性岩漿分離之傾向，其原因仍在岩漿自身中。魯氏謂如在二種不相混合之液體中，然一種難在岩漿中融解之物質的加入，卽能惹起分離之動機。岩漿在溫度高時雖皆能混合，然若加入難融解之物質，則不論在任何溫度隨時恐能使岩漿分離。魯氏之見解故有使同化說與分結說趨於合調之傾向。

據約施頓勒維氏(Johnston-Lavis)之滲透壓力說(osmotische Theorie)，稱岩漿與圍岩一併熔解並混合後，岩漿成分與岩石成分間必起滲透的交換。然以火成岩接觸帶之觀察及在弗蘭維爾花崗岩上所得之經驗爲根據言，似並不重要。無論如何，其影響不足以解釋岩石間之差別。

岩漿之腐蝕作用已在上文討論之矣。此作用頗與溫度有關，而其影響在地層深處比較淺處爲甚。在地層上部腐蝕作用似極有限，然此難保其在深處地層中不變爲重要作用，又難保岩漿不融解上層岩石而上昇，蓋其中所含之氣體有與吹管火同樣之作用。

最關重要者，故卽爲溫度。許多深成岩之所以昇達某處後不能再向地面上昇者，一則因當時之溫度已低，一則因機械原因。在許多地方，頗易察見岩漿迫達上層後已失去其高溫度，其時不過間或分出岩枝，且並不惹起擴大的接觸作用。除與溫度外，腐蝕作用又與岩漿之冷却狀況有關。如若岩漿衝入一巨大岩穴中，又如岩穴逼近地面，則因岩漿之溫度銳減，岩漿之腐蝕作用，勢必停止。據著者之意，岩漿之腐蝕作用似不能完全否認。在數種情形中，此作用恐不能察見，火成岩間之差別不必以其有別種岩塊融入而解釋之。勃羅蓋氏(C. W. Brögger)以克立斯坦尼亞區域爲證，反希爾萊韋氏之假說而解釋，並由分析而示在岩石中並未有富灰石質之蓋層融入，蓋在岩石中僅含有極細量之灰石質。

據達萊氏之觀察，凡沿大脈縫急激上昇之岩漿不呈同化現象。杜頓氏(Dutton)稱此種情形特適於決定原來岩漿之性質。此見解至爲眞確。現時從火山急激噴出之岩漿係出於原來基性層，其移動比較酸性岩爲速，此與酸性岩比較基性岩爲黏着及不便移動之見解全然相符。米克氏(Milch)謂基性深成岩之所以較噴出岩爲少者，因成深成岩之岩漿並非沿大脈縫上昇，故其一部分殆與酸性岩同化。

若一種溫度在二〇〇〇度左右之融熔岩漿體久與別種岩石（無論爲水成岩或火成岩）相接觸，則此岩漿體必在是種岩石上惹起化學作用，然在溫度較低時不惹起作用。腐蝕作用係與下列各項有關：

一、岩漿之溫度，或卽岩漿所在處之深度（因岩漿之溫度係與深度有關）。

二、硅酸鹽類岩漿之化學成分。

三、被岩漿穿過之岩層之化學成分。

四、壓力而此亦與深度有關。

五、岩漿中氣體（水及氣體礦化物）之分量及化學性。

（一）溫度之影響　若浸礦物於硅酸鹽類熔融體中，後者在礦物上卽起腐蝕作用，其強度係隨溫度而增加。岩漿與圍岩接觸時除發生冷却作用外，又如若溫度夠高，圍岩定必受其影響。如若融岩漿於一土堝或瓷堝中則見岩漿在堝壁上發生一種影響而使土堝變軟。然綜合數百是種堝中試驗之所得，皆示當溫度不夠高時，其使堝變軟之能力頗爲微弱。溫度故爲一極重要之條件，如勒痾利啞氏能使鋼玉石迅速融解在粗面岩漿體中（然在著者之實驗中鋼玉石祇略受腐蝕影響。）

（二）、（三）吾人從冶金學知礦石熔漿在堝壁上之腐蝕能力各各不同，而係隨熔漿及堝壁之質料而變。凡富鐵分之基性熔漿在菱苦土堝壁上發生較在石英質堝壁上爲弱之腐蝕，故此作用之強弱係與熔漿之與堝料之在成分上的類似程度有關，兩者在成分上性質愈近時，作用愈弱，否則愈強。在岩漿中，許多礦物不易輕受腐蝕（見下文），如石英、鋼玉石、橄欖石是。砂岩、雲母片岩等岩石比較基性岩爲不易受腐蝕。在玄武岩或在酸性岩中灰石容易融解且不遺下殘留。

四、壓力之影響　隨深度而異之壓力能與腐蝕作用發生重要關係。據魯施婆姆氏之理論，稱硅酸鹽類在高壓下比較在尋常壓力下爲不易融解，故壓力惹起與温度相反之影響。在深處岩漿之融點係隨壓力而增，其使別種物體融解之影響係當温度達融點時開始，而温度超出融點愈大時，其作用亦愈大。在極深處岩漿有高温度，然其深處之温度若非遠出地面温度以上，則其高温度之影響不足與壓力之影響相抵。

五、在噴出岩中氣體不能惹起影響，因其影響能力僅在深處爲限。其能惹起腐蝕現象者，惟熔漿本體是。花崗岩岩株與片岩或水成岩間之接觸作用多爲噴氣作用。至此作用之強弱是否隨深度而變則頗難說。就水而言，其在深處之作用比較在地面之作用爲大，故與温度有重要關係。

腐蝕作用之種種影響綜言之，各互相抵抗。在自一粁以至二〇粁之深處；腐蝕之影響似並不較在地面者爲大，往往微弱。然如在比利牛勒克羅斯氏謂其影響極大，是處之圍岩似爲岩漿所併吞；在地下極深處及在特殊情形下（如遇強烈機械作用圍岩呈粉碎現象時），是種情形定能實現。

在麻萊尼見有許多石灰岩碎塊包含在火成岩中。是種零散岩塊既知爲從前三疊系岩體之殘留，故其不復察見之部分必已爲是處之二長岩所併吞。從前之石灰岩既爲一大岩體，則被二長岩併吞後，其在二長岩之化學成分上必發生影響，若然則二長岩之灰石含量必高而證諸是處二長岩分析之所示，實與此見解相互此種情形可視爲同化作用之結果，然岩石間之種種差別決不能盡爲同化作用之結果。爲求種種相反之意見起見，茲綜述其梗概如下：

凡在廣闊脈縫中迅速流動之基性岩漿能不熔入其他岩質物而達地面，故迨昇達地面後，其性質仍純粹，而能予吾人對於岩漿之性質有較好之影像。酸性或中性岩漿惹起腐蝕作用，且若上昇愈緩，腐蝕作用亦愈大。若岩漿另闢新徑而流動（此情形常能實現），則以後呈含圍岩之證跡，且此證跡不必一定在接觸處察見，蓋岩漿如若以後凝固而爲深成岩，其所吸收之圍岩早已深入岩體內部。

第九章　人造岩

天然產出之岩石若能一一在實驗室中造出，確爲一種極有趣味之事，且爲明瞭岩石之成因起見，往往爲一種極重要之舉。福開氏及米希爾萊韋氏在第一次造岩實驗中即指出玄武岩能由其礦物成分經混合熔融而造出，且謂無用水之必要。在實驗中如欲仍使發生水的作用，則除非有低下的溫度在是等造岩實驗中，或混融礦物或岩石之化學成分，或使礦物與熔劑（晶化劑）共融。

福氏及米氏之實驗　在是種實驗中，將造岩礦物置在福克那鎔爐(Fourquinon-Ofen)內，並使之混合熔融；後復使其緩緩冷却；有時將此實驗分作兩個時期進行，並用高低不同之溫度。

一、安山岩係由四份曹灰長石與一份普通輝石合成，且同時產磁鐵礦。又一〇份曹灰長石與一份普通角閃石亦發生安山岩。

二、玢岩係由三份灰曹長石與一份普通輝石混合融成，同時並發生磁鐵礦。

三、玄武岩及黑玢岩　此二岩石之製造分爲兩步驟：先使六份橄欖石與二份普通輝石及六份灰曹長石混合，並加熱至現紅白色，如是歷四八小時後，再加熱至現櫻紅色，亦歷四八小時。在第一步工作中，得橄欖石、磁鐵礦、鉻尖晶石在第二步工作中，得灰曹長石、普通輝石及磁鐵礦。

四、霞石岩係由三份霞石及一·三份普通輝石融合而成，將一〇份霞石與一份普通輝石合融，不得普通輝石，但得尖形八面體及菱形十二面體，是等結晶體那時視為黑石榴石。

五、白榴石岩及白榴石灰色玄武岩(Leukotephrit)　白榴岩係由九份白榴石與一份普通輝石融成，普通輝石包白榴石而現出。灰色玄武岩係由八份白榴石與四份灰曹長石及一份普通輝石融成。

六、輝石橄欖岩(Lherzolith)　此岩從前已由陶勃萊氏用人工方法造出。福開氏及米希爾萊韋氏用橄欖石、頑火輝石、普通輝石、鉻尖晶石亦造出輝石橄欖岩，但後者係與天然產不同。

摩洛斯活克氏曾用人工方法造出許多岩石及礦物，造時不用白金鍋，但用土堝，因之其結果未免受礦物與土堝相作用而起之影響。用土堝之優點在能造出數瓩至百磅重之巨晶以供精確之檢查。至在小堝中造出之岩石祇得用顯微化學法證明，且在小堝中溫度之調節為不可能之事。

摩氏用石英粗面岩中之成分與百份中一份之鎢酸混融，造出一種似石英粗面岩之岩石，其中含黑雲母、透長石及石英。該氏信黑雲母係由石英粗面岩遇鎢酸分解而產出；又氟素對於黑雲母之生成亦有關係（至其中石英之生成見本書一二七面）。大多數黏土受熱時卽吐出細量氟素，故土堝之質料或與黑雲母之生成有關。

摩氏又用同樣方法造出堇靑石玻璃斑岩及頑火石玄武岩，後者係由混融三份橄欖石、三份灰曹長石及一份普通輝石而成。該氏得一種呈顯微斑狀之熔融物，其中充斑晶者爲菱形輝石及橄欖石，而成石基者爲單斜輝石、斜長石、磁鐵礦及玻質基。岩中各成分係依上列次序結出。該氏以後又造出各種玄武岩，如藍方石玄武岩（其中藍方石成如輝石之結晶）、尖晶石玄武岩、霞石玄武岩、鋼玉石玄武岩、黃長石玄武岩及霞石岩。

包歐氏將花崗岩與氯化鋰、氯化鈣及鹽酸鋰鎢混融，得一種含普通輝石、及斜長石（故近似普通輝石安山岩）之岩石。其中奇異之處在因當時溫度極高，不發生雲母。又在用花崗岩、鎢酸鈉及氯化鈉之實驗中亦因用高溫度關係，祇發生斜長石及霞石。後又將閃長岩與硼酸磷酸鈉及氟化鈣混融，逭熱至一〇〇〇度後，再使冷却至八〇〇度，終則得一種似普通角閃石之黑雲母細片及多量鈣長石。

閃長岩與鈉、鈣、鎂之氯化物混融，亦得同樣之結果。如若用氯化鎂、氯化鈣、氯化鋰則發生普通輝石、橄欖石、黃長石及灰曹長石。又由混融正長石、鈉長石、普通角閃石、雲母、氯化鈣、鎢酸鋰、硼酸及磷酸鈉，亦發生一種與石英玄武岩相當之熔融物。

施姆賓氏由混融白榴岩及氯化鈉，得普通輝石、磁鐵礦及黃長石。又由混融白榴岩、氟化鈉及氟化鈣，得黑雲母、正長石、灰曹長石及一種似柱石之礦物；如若加入氯化鈉及硅酸鉀氟鹽，則得含黑雲母之白榴石灰色玄武岩，其中白榴石之發生似由於氯化鈉等之加入。又如若與鎢化鉀混融，發生多量白榴石、斜長石、黃長石及磁鐵礦。施氏曾將酸性岩及各岩石之混合物與融劑混融，其使花崗岩與氯化鈉、氯化鈣、氯化鋁混合熔融時，得正長石及一種似柱石之物質。又用氯化鈉與鎢酸鉀及花崗岩合融時，發生近似曹長石之長石、普通輝石、鱗石英及微量正長石，以致有普通輝石粗面岩發生。由熔融波烏（Capo di Bove）白榴岩（或維蘇威熔岩）而得之結果頗能引起一般人之注意。其中依所用岩石或與之相當之化學混合物之不同，發生不同之結果。著者在融白榴岩之實驗中亦得一種與白榴岩相似之岩石，然其中長石因重融而增加。其直接由相當化學成分融合成者，含中性長石、黃長石、磁鐵礦及一種含鉀分之玻質物。包歐氏由重融維蘇威熔岩得多數玻質物、普通輝石、鈣長石、磁鐵礦及橄欖石，但並無白榴石及正長石，蓋後者在不含礦化物之岩漿中除非岩漿極薄時決不能發生。華特拉氏(Waldra)由重熔霞石玄武岩亦得同樣之岩石。施姆賓氏由重熔玻璃玄武岩，得普通輝石及斜長石。當時如若冷却迅速，則僅生磁鐵礦。

倍脫拉斯氏在融維蘇威熔岩之實驗中，以氟化硼為晶化物，由是除得磁鐵礦及微量普通輝石外，又得多量白榴石、斜長石及霞石。其用相當化學混合物而代天然岩石時，則見發生細量斜長石、白榴石及骸晶。當時所用之溫度甚低。倍氏從是點決定高溫度助白榴石發生。福開氏及米希爾萊韋氏之實驗亦示同樣之事實。以偉海姆地方之正長岩與熔融劑（硼砂、氯化鈣、氯化鈉及氯化鋰）熔融時（六份正長石與一份熔融劑）發生多量普通輝石、斜長石或普通角閃石。花崗岩與響岩、氯化物類及氟化物類混融，得長石、霞石、普通輝石；與橄欖玄武岩混融，發生橄欖石、磁鐵礦、曹灰長石及低量普通輝石。

花崗岩與數倍氯化鋰及鎢酸鈉混融，析出極富量之三斜長石（曹灰長石及曹長石）及低量普通輝石，但並不發生石英。響岩與維蘇威熔岩混融，產出重量白榴石、為量較次之霞石、普通輝石及斜長石。梅旦尼克氏（Medanich）在使花崗岩與維蘇威熔岩混融時，得普通輝石、鈣長石、柱石、橄欖石、白榴石及❶磁鐵礦，在使斜長石玄武岩與花崗岩混融時，得斜長石、普通輝石、鱗石英、橄欖石、磁鐵礦或黑雲母；在使相當化學混合物混融時，得黃長石玄武岩，在使花崗岩與含水磷酸鈉雙鹽、硼酸及氯化錫混融，並使其冷卻至七〇〇度時，則得石英後者之發生祇限於此種情形下。

❶ 在另一情形中發生玻質物，普通輝石，及鈣長石，是應用相當化學成分以代岩石。

由以上各實驗觀之，知凡不用晶化物之實驗，祇能發生某數種單簡基性岩，但如若用晶化物則可發生酸性岩。又石英祇在溫度極低時偶然發生，但在岩漿中如若存有水之作用，其生成則易。普通角閃石縱使有晶化物亦未能一定生成。

天然岩漿能否與人造熔漿相比擬為目前一重要之問題。對於此問題意見紛繁。華脫氏、摩洛斯活克氏及勒狗利啞氏輩謂此二者確鑿相同，其他則謂人造熔漿與鎔滓無異，且謂岩漿中水惹起重要之影響。天然岩與人造岩相比較定可得下列之結果：

一凡由迅速冷却而成之熔融物及鎔滓在礦物成分上及構造上與岩石往往發生重要差別，因在鎔滓中能發生假穩定物體，如尖晶石、黃長石及鱗灰柱石羣之各種礦物；反之在岩石中，則無是等假穩定礦物發生。又如石英、正長石、曹長石、雲母等在人造熔漿中不能發生。

二、凡由緩緩冷却而生成之熔融物與天然岩石斷不呈如是重要之差別，且全無假穩定物體生成，即有，亦不多，故此物頗與天然岩相似，然酸性岩之礦物，如石英、正長石、普通角閃石及雲母並不在是種熔融物中生成。

三、凡含有礦化物或晶化物之熔融物能產生火成岩類之各礦物，又能產生石英、正長石、雲母，故如若冷却緩慢，溫度低下，此物完全可與火成岩相比擬。

在實驗中不能使水惹起作用，故祇能用其他晶化物如氟、氯、鎢酸、硼酸等。是等物質皆使礦物生成時之溫度低降及黏着性變弱，故皆為眞正晶化物；水及其他晶化物不惹起化學作用，有之亦偶然。礦化物之因發生作用而容納於岩漿中者至為偶然。許多礦物在某一溫度以上不能發生。礦化物一部分之作用如一接觸劑然，為使反應加速。

在地下深處，水間或能惹起化學作用，蓋據亞漢尼司之意，水在高溫度時為一造鹽物，其對於鹽基有如酸類之作用；冷却時，水復析出，而鹽基則與硅酸化合而成鹽類。

第十章　火成岩漿之凝固

岩漿在地面或在深處凝固。若岩漿先在火山底部凝固而以後因所受之壓力消衰，突然融化，並昇達地面，則其中較易熔融之成分重復熔融，其難熔融者如石英、白榴石、橄欖石鈣長石則不熔融。然如若岩漿久留在地面近旁則因壓力減小，融點降下，故全部重復熔融。就硅酸鹽類熔漿而言除水及礦化物外（此二者在地面皆無惹起作用之能力）其中所含之數成分能互相融解，故在某一定範圍內，是種熔漿可與溶液相比擬，其差別無非在熔漿中不含充溶解劑之水。又其中礦物之分出亦並非由於溶解劑之散失，但為溫度低降之結果。在火山底部及在地中深處，水及礦化物之一部分有如溶解劑之作用。此部分當冷却時離熔漿而散失。依亞潢尼司氏之見解，在高溫時水有如酸類之化學作用，然在溫度下降時，水重復析出。此種性質在數種副成分中之礦化物亦有之。水在深處之作用不能由實驗表示，如上文所述，凡由礦化物之實驗僅能造出不含水分之諸種造岩礦物，故在本章中討論之範圍，僅以不含水之熔漿為限。

當一種硅酸鹽與其他一種硅酸鹽混合熔融時，其中較難熔融者被較易熔融者溶解。冷却時此二者如水與食鹽然，互相分離，然亦能因此而析出新化合物。觀此，依物理狀況從一種岩漿能析出種種成分。此情形當熔漿久在黏性狀况下凝固時，似可實現，並可由岩漿之分離作用解釋之。礦物之分離及分離之順序係與許多條件有關。是種條件茲當逐步討論，然欲完全明瞭分離作用之究竟尙不可能。至礦物之分離性質，天然與岩漿之化學成分有關。

在特殊情形下（如在摩洛斯活克氏之鋼玉石及硅酸礬土實驗中），分離之能力亦可計算。鋼玉石若與鈣長石、霞石相混融，則二者依與硅酸礬土相當之公式而分離；如若加入氧化鎂，則過多量之礬土爲普通輝石、普通角閃石、尖晶石所吸收，然鋼玉石偶然亦能在玄武岩中發生；又在霞石玻質物中亦然。

岩漿中礦物先後結出之順序　爲確定礦物結出之先後起見，可利用包裹物，蓋後者較四周物質皆爲舊也。又礦物之形狀亦有其價値。其晶形如若完全又爲其本有的，則其產出當較無分明圜面及呈他形者爲先。他形結晶如若夾生在別種結晶間，則其生成當較後者爲遲；反之，若嵌在石基間，則其生成應較石基爲早；凡體小而生成較遲之結晶往往沿較大之結晶而生長，故體大者概較體小者早產出，然結晶之大小或有其他原因，或與晶化速度有關，如欲控制之，則須應用由觀察人造熔漿而得之結果。如欲確定礦物結出順序之先後，用結晶顯微鏡（Kristallisationsmikroskop　見圖四）最易明瞭。遇可疑情形時，迨第一種結晶結出後，可立刻將實驗停止，致僅有第一種或最先結出之結晶生成；若二種結晶同時結出，則此二者並行生長，致有共融混合物產出。吾人由觀察知岩石中礦物之結出係先後連續，而當第一種礦物尙未結終以前，第二種礦物卽繼之而結出，或發生輪流之分結。

又由觀察知在深成岩及噴出岩中礦物結晶之順序皆同，對於結晶之順序，水似無若何影響。魯桑浦書氏決定結晶順序如下：

一、氧化物尖晶石式礦物類；二、磷灰石楣石；三、欖橄石、斜方輝石；四、普通輝石、普通角閃石；五、灰曹長石；六、霞石及白榴石；七、曹輝石、曹長石、正長石；八、石英。

魯氏謂以最低量存在者之礦物，其結出亦最早，又謂岩漿基性程度逐漸的遞減爲結晶依順序結出之原因。此見解不無指摘之處，但就順序本身論，除數個例外外，却爲實驗所證明。

礦物結出之原因　礦物結出之順序係與下列諸項有關；一、熔漿中之化學反應；二、熔漿在化學成分上與共融混合物之比較；三、冷却之狀況；四、結晶能力及結晶速度；五、化合物在高溫度時之穩定。

彌爾氏（H. A. Miers）曾在某書本中指出硅酸鹽類熔漿中過飽和作用之影響及不固定的平衡。在美蘭之自然學家及醫學家集會中，亦提起硅酸鹽類熔漿之黏著性對於平衡及結晶速度之影響（結晶速度因黏著性而減小。）

化學反應能惹起二種變化：一爲惹起混合結晶，一爲促成單簡化合物之結出。礦物之結出又與其溶解性有關，凡最難融解之化合物卽爲最先結出者。如在第八章中所述，許多首先結出之礦物，如鋼玉石、鋯石、橄欖石、榍石等皆為熔漿中難融解之礦物。然如普通輝石及磁鐵礦則不然，此二礦物雖為容易融解者，但結出極早；又如難融之石英反為最後結出者。此情形一部分亦與礦物在高溫時之穩定有關，數種礦物如雲母、普通輝石、硅灰石等在高溫時分解，故不能結出，或在高溫時祇呈玻質狀，但如若加入熔劑使礦物結出時之溫度低降，則如正長石、曹長石、石英等礦物亦能成結晶析出。至礦物之融解性可在各混合物之融點上明之。

共融混合物之討論　吾人由觀察合金及其他化合物知其中各成分在熔融狀態時，有如在溶液中之關係，而其析出係依稀薄溶液之法則。故所着重者為熔融物成分對於共融混合物成分之比例。當決定兩份子熔融物之融點或凝固點時，知凡有如共融混合物中之比例的混合物，其融點或凝固點最低。共融混合物中之兩份子因具有相同之結晶能力，故係同時結出。在人造熔漿及岩石中，共融混合物之所以如是稀見者，卽因其份子概有不相等之結晶能力。融解曲線之最易明瞭者，決為兩份子之融解曲線。

在一硅酸鹽類礦物之熔漿中，如若融入一種具有較低熔點之結晶質硅酸鹽類礦物，則前者之融點下降；反之，如若融入一種具有較高融點之結晶質硅酸鹽類礦物，則前者之融點增高。然如若將此二者之玻質物混合熔融，則發生相反之情形。又如以各個之化合物混合熔融，其融點如化合金中，然應較各個物質之融點為下。兩物質之混合物，其融點最低者，必為一共融混合物，其中兩種份子必同時凝固或熔融。至共融混合點卽為其兩份子同時凝固之溫度，故就學理言，此亦卽為其結晶點。在一熔融物中，一份子之分量如若超出爲成共融混合物所應有者，則其餘剩一部分先行結出而共融混合物繼之，後者可由其共融混合構造而察見。且爲在二份子混合物中有最低融點或凝固點者。凡由甲乙兩種份子所成之熔融物，恆可視其由一種共融混合物與一種餘剩份子合成，如若餘剩的部分爲甲種份子，則此必先行析出而共融混合物繼之。此學說然與實際不符，蓋實際的情形恐未能如學說之簡單也。

著者在顯微鏡下，考察在冷却中之熔漿時，察見礦物並非同時生成，但依順序結出。在混合物中，各份子同時的結出洵爲一極偶然之事，此事實係與岩石學者之觀察相符。凡天然產出之岩石除文象花崗岩、許多偉晶花崗岩及半花崗岩外，皆不呈共融混合構造。凡呈共融混合構造之岩石統係由含水分之熔漿生成。

然共融混合之學說何以不與觀察相符？其故因共融混合之學說祇能對於由二種或三種份子合成之熔融適用，且須保其中不發生反應。就觀察所知，是種情形頗爲難得。又岩石中各種份子難望具有相等的結晶能力，此亦爲對於共融混合發生障礙之一原因。其中曲折茲特提出在下節中討論。

結晶能力及結晶速度　岩漿中各物質結晶時之情形各各不同，有的雖冷却迅速亦能成結晶，有的縱使緩緩凝結亦祇能成玻質物。在一定溫度時，結晶之能力係以每時單位內所成之結晶核顆之重量計算。尋常所用之方法先使熔漿在某一定時間內並在某一定溫度時冷却，而後計其核子之數或決定其結晶或玻質物之體積。如是所得之結果自然無非爲一近似數而已。就所得之結果言之，熔漿中凡首先結出之化合物如鋼玉石、磁鐵礦、尖晶石等皆有極大結晶能力。著者對於鋼玉石未能直接實驗，然知在哥德士密特之混鋁工作中，鋼玉石頗易結出。

古克博士(Dr. A. Kuch)對於著者亦表示同樣之見解，而稱鋼玉石（其融點為一八〇〇以至一八五〇度）在冷却之際，立刻變為結晶質，故結出最先，其次為橄欖石、古銅輝石及紫蘇輝石，更次為普通輝石、鈣長石、曹長石及霞石。白榴石之結晶能力比較略小，又鈉鈣長石、曹輝石亦然。正長石、石英等之結晶能力幾等於無，故結出極遲。橄欖石因結晶能力較大，故其玻質物難得遇見；反之，如長石、白榴石、霞石因結晶能力極小，其結晶祇能由緩慢冷却而發生。就大概言，結晶能力之大小係與魯桑浦書氏之結晶順序相符。結晶能力之影響雖大，然並非為決定結晶順序之惟一的條件，故只能發生一部分的影響。至結晶速度係與結晶能力有關，又往往隨方向而異，如在普通輝石、斜長石中見之。橄欖石、磁鐵礦、白榴石之結晶速度依方向祇呈少許之差別。準此，礦物之結晶速度較諸結晶能力遠不適比較之用。雖然凡結晶速度較小之物質如正長石、曹長石、石英概全無結晶能力，結晶速度既與黏着性有關，故自必因礦化物（富流動性）之加入而增加。正長石、曹長石及石英之所以能由礦化物之加入而發生者，即因此故。是等礦物因結晶能力不大，又因其祇能在低溫時穩固，故在岩石中結出最後。正長石與石英因其保持液體狀態最久，往往構成石基。在高溫時，此二礦物並不穩固，故非在低溫時不能存在。然在低溫時結晶之生成，非藉礦化物（如水）之作用不可。此二礦物之所以不能由具低温度之乾式（不含水）熔漿結出者，卽因此故。觀此，則礦物析出之順序係與其穩固時的温度（石英須在九五〇度以下始穩固）有關。

過冷　在冷却時，許多礦物有保持其液體狀態至在融點下之特性，是謂過冷（Unterkühlung）。硅酸鹽類能在高度的過冷情況下成液體存在，其凝固點絕不依融點而定，但能降在該點百度（或更甚）之下。相似之情形在自然界中屢見不鮮。當硅酸鹽類混合物冷却時，其過冷之程度恆極高，此情形不但見於熔堝中，卽在脈中亦見之；在岩流中則比較少見。凡在過冷情況下之熔漿係在過飽和狀態中，如若播入苗晶，結晶作用卽隨之而起，然因具有強黏著性，苗晶之作用祇限見於數小區域。在岩流及岩脈中，其苗晶天然爲地內期之結出物。礦物結出之順序能因過冷而變更。梅耶痾費氏（Meyerhoffer）從學理上的觀點立論，稱在過冷情況下，礦物結出之手續未必依產共融混合體之方法，而如若有兩種份子，有時此種，有時那種首先結出。在天然岩漿及人造岩漿中，過冷情況皆能發生。在玄武岩及黑玢岩中，普通輝石往往首先結出，長石繼之。在別種岩石中其順序則反，例如在輝綠岩中是。其所以然者，一則因某種或他種物質盛量存在，一則因過冷程度不同。過冷之情形除與黏著性及擾動有關外，又與次列數項有關：

一、岩漿因受熱而所達之最高温度及冷却速度。

二、重融之次數及冷却時温度之變遷。

三、受熱時間之長短。

水與其他礦化物若以極巨量存在，能妨礙過冷，而如在半花崗岩及其他相似之岩石中，恐即有此情形。在是等岩石中，成共融混合物之各份子屆時突然一同凝固；又石英斑岩中，底石基之各份子恐亦照樣凝固。因過冷之關係，硅酸鹽熔漿之凝固遠在融點下而實現，融點與凝固點故不一致。又凡有同一成分之玻質物及礦物概不具同一融點，而以礦物之融點為較高。勃倫氏 (Brun) 亦察見凝固點每不與融點完全一致。

在過冷發生之初，首先結出巨大結晶。迫將凝固時，發生細粒狀混合物。某一定大結晶所須之時間係從其結晶速度計算，此時間之長短，自然依礦物而異。極大之結晶，概須費數星期始成。

融點之影響 礦物係依融點而結出，此久為一種規定。逢熖氏謂硅酸鹽類熔漿既為一流質，則礦物結出之順序當與溶解性而非與融點有關，並以此為一種規定。嗣後種種見解隨之而起；一方面如福開、米希爾萊韋、若利及卡明漢輩認定融點為定結出順序之要素，而一方面如希蓋爾勃勞斯及梅耶痾費氏輩則反對之。著者根據實驗，知即就理想言，亦未能斷定融點對於礦物結出之順序有直接之影響。蓋在過冷情況下，礦物係在融點下結出。然謂難熔融之礦物亦即為難融解者，此說亦不應否認；且此亦即為理想的解釋，蓋融點亦即為融解曲線之末點；凡難融解之礦物，其熔融概難；就理想言，溶解性與熔融性有相互之關係。如鋼玉石與橄欖石不但為難熔融之物體，且為在長石岩漿中不易融解者；然此種種情形並非無其例外，如有時難熔融之礦物（如白榴石）反爲容易融解者。華脫氏祇信熔漿之化學成分（與其融混合物之成分相較）爲定結出順序之重要條件；然此係與魯桑浦書氏之規定相違背，蓋如若認華脫氏之見解爲正當，則礦物結出之順序應隨成分而變化。至如化學反應、過冷、結晶能力及在高溫下之安定，華氏均淡然目之。

觀察結晶順序時應用之顯微鏡　爲決定硅酸鹽熔漿之狀況起見，著者將正在凝固中之熔漿直接置在顯微鏡下檢查。由觀察四〇種與天然岩石相當之混合物之結果，知在過冷情況下，礦物始在一二〇〇度至九五〇度時析出。次如礦物結出之順序亦可在顯微鏡下直接觀察。其中不滿意之處，在因有數缺乏或全然無結晶能力之礦物，在用海水之結晶實驗中不能實現。又在海水中鹽類之結出須有一個極長之時間，如此長之時間在實驗中爲一不可能之事，多種天然生成之化合物在實驗中不能生成者，卽爲此。然就硅酸鹽類言，其在實驗中結出之順序係與天然產出時之順序同。岩脈與岩流之冷却毋須一個久長時期，且如在人造熔漿中然，其中亦發生過冷情況。人造硅酸鹽類熔漿當冷却時，故發生與岩脈、岩流中同順序之同樣化合物。此情形祇在迅速冷却時（如在鎔鉾中然）變更，故在鎔鉾與冷却緩慢之熔漿間顯有區別。鎔鉾中結晶之生長不過歷數分鐘之久，在華脫氏之實驗中，稱在一〇分鐘間鎔鉾之溫度須降下一〇〇度。在著者之實驗中，其溫度能保持至一〇分以至二〇分之久，次卽降下一〇度，復相持一〇分以至二〇分之久，如是溫度降下一〇〇度須費時一小時。在其他實驗中，溫度一五〇度可維持至六小時以至七小時之久。觀此鎔鉾之黏著性狀態比較熔漿爲不持久。又其中各化合物之結晶速度往往相差有限。

觀察結晶作用之顯微鏡（圖四）係一種普通在岩石學上應用之顯微鏡，裝有一個下聶古兒柱及一個裝在管筒中之偏光器。又爲插入電氣爐起見，鏡中接物臺與接物鏡相隔甚遠。結出之結晶係依其形狀及屈折狀況而定，有時應用攝影術攝取礦物在某數時期之狀態，並以後觀察之。在極高溫度下，干涉色不復能見。載物器係爲一種由水晶熔成之石英質玻璃片，而可用白金絲移在爐上。又用量熱計以測計溫度。其溫度由應用電氣調節器能維持至久而不變。後使溫度逐漸下降，如是實驗可維持至數小時之久，其間熔漿緩慢冷卻之情形可隨時觀察。在爲海萊斯氏（W. C. Heraeus)所造之爐

第四圖

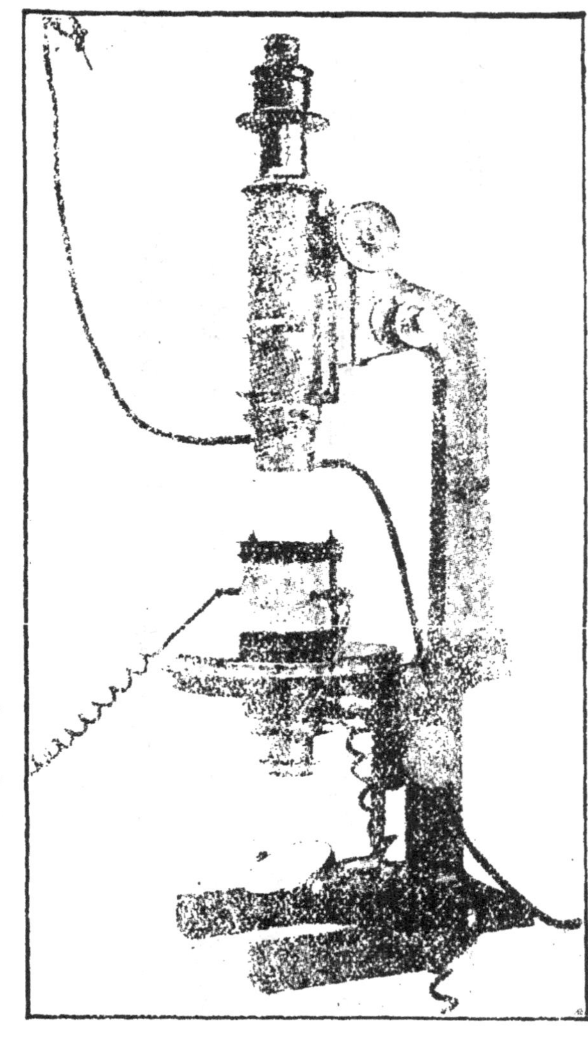

中，其溫度可高達一四〇〇度。在此種實驗中，熔漿內諸礦物之融點及結晶速度亦能測計。在顯微鏡下又察見礦物之結出並非驟然間之事（如爲平衡說所要求），但普通概緩慢結出後，其生長亦緩。若含有兩種礦物者，其結出或同時或先後輪流。就著者之觀察，魯桑浦書氏所定之順序（此順序爲岩石上多數觀察之結果）爲百數造岩實驗及顯微鏡觀察所認可。此順序不無其例外，且亦可明白解釋。至決定結晶順序之條件可分爲下列數項：

一、熔漿之化學成分（與共融混合物之化學成分相比較）

二、過冷。

三、結晶能力。

四、岩漿中之化學反應。

五、在高温時礦物之穩固限界。

此外分子體積及礦物結晶時收縮或膨脹之情形亦在注意之列。然分子體積之關係不致極爲重要。關於先成礦物之比重比較後成者爲大之問題，可由上文中所述之順序解釋之，然比重之大小並非爲定分結順序之條件。又礦物結出之順序並非全然與比重之順序相當，然其與此重順序及結晶能力大小之並行性不應完全否認。

石英之生成　熔漿中若無礦化物加入，石英決不能結出，此已爲多數實驗所證明者。據高特傅爾(Hautefeuille)及著者之實驗，石英祇能在九〇〇度以下結出。在如是高之溫度，用礦化物（水）之實驗目下尚不可能。岩漿凝固時，迨岩漿溫度降至够低後，石英始能生存；但在熔漿中如若無水，則此時因黏著性過大，故石英仍不能結出。在自然界中水有減低岩漿黏著性強度之影響；準此，石英祇能在含水之熔漿中當溫度低下時生成。

勒克羅斯氏在比萊山之觀察，對於石英結出之問題具有重要關係，所謂「哀石」(Aiguille)者，一部分爲含石英之安山岩，其中石英並非完全爲在高壓下火山底部之地內生成物，因其在石基中亦見之。在比萊山含石英之岩石，祇在別種岩漿層下察見，故係在極大壓力下凝固。上面之玻質岩漿層每阻止水及礦化物散失，致下層岩石有產石英之機會。勒氏謂岩石原來之溫度，就其含有地內的長石斑晶觀之，當不致極高，而恐在一〇〇〇度至一一〇〇度之間。石英爲最後結出之物，其結出時之溫度恐不能在九〇〇度至九五〇度以上。

世上亦有承認石英斑岩係由玻質物經次成變化而發生者，其理由謂天然玻質物，如人造玻質物，然能逐漸變爲結晶質，如在火山噴口黑曜石中所見者是。據華蓋爾善氏(Vogelsang)之見解，謂斑岩之石基，能由分子經次成脫玻璃化作用而生成。希蓋爾氏主張硅長岩石基亦可由次生變化而發生，如愛爾玻、華蓋爾晉翟，皆信任此說。他如推愛爾華脫氏則以此爲共融混合物，並以此與偉晶花崗岩相比擬。由石英斑岩之特殊構造，知其中石英係與長石同時生成。此種構造不能由不含水之熔漿發生，因其發生非有盛量水及其他礦化物之合作不可。他如斜長石英文象斑岩（Mymekit）亦呈同樣之共融混合構造。許多學者如撒推阿姆（Söderholm）及夫推氏（Futterer）輩以此當作次成岩看待。此岩石卻爲腐蝕作用（至少在許多情形中）之結果。然如在麻素尼，有斜長石英文象斑岩之完全岩脈，此岩脈之爲原生的決無疑問。著者亦信半花崗岩之一部分呈同樣構造。此構造之發生緣於含水岩漿中各成分同時但緩緩的凝固。

壓力在結晶生成上之影響　壓力對於礦物結晶順序之影響昔日視爲不小，今由比較噴出岩與深成岩所得之結果，始知其爲有限。無論如何，在壓力下共融混合的情況，雖須稍稍變更，但壓力並非爲惟一的決斷條件。其中重要之決斷條件爲各個礦物之結晶能力。石英斑岩中，石英結晶之存在每表示石英係在高壓下水與別種礦化物之前生成。壓力恐變遷石英的溫度限界；在高壓下如若溫度不高，岩漿中之水能使含氫氧基之礦物發生，而此已爲著者之實驗所證明。至普通角閃石之生成頗有承認水與高壓力合作之必要，否則必難實現。次就雲母言，其在爐中之製造雖不應用氟化物，然在所用的坩堝中或在媒熔劑中則必含有氟素。畢克氏在其製造普通角閃石之實驗中察見該礦物之生成每因壓力少許增加而加速。倍森氏認二長岩中之方沸石係屬原生成分；又配烈幹氏（Pelikan）亦證明方沸石有屬原生的可能。然在四〇〇度至五〇

○度以上方沸石不能存在，而岩漿不能再留爲熔融體，此中不無可注意之處。

火山凝成岩之生成

火山凝成岩（Vulkanische Tuffe）普通爲火山岩屑（火山噴出物）所成。水先將噴出物搬集於一處，而後使之成層，是種凝成岩在古代及現代皆有生成。深成岩不能成凝成層，然海底火山之噴發，則予凝成岩以生成之機會，岩石在與深成岩體接觸之處，常察見接觸岩（即所謂磨擦角礫岩 Reibungsbreccien）。噴出岩之疏散噴出物有火山灰、砂、礫及彈。

火山灰爲岩漿之細碎物，而係以巨量從火山噴出者。其生成之方法，故爲一個急應解決之問題。火山灰並非爲結實熔岩或富黏性之熔岩所成，但係出於在噴火口完全爲溶液體之岩漿，蓋在火山灰與熔岩間存有礦物的差別，如在火山灰中含有巨量玻質包裹物，外來物個體，微晶及氣孔。氣體對於火山灰之生成顯然有重要之影響，爲火山底部的爆發（此爆發使薄液質熔漿粉碎）所惹起之擾動結晶作用（stürmische Kristallisation）爲火山灰特具的現象。在火山灰中，結晶之大部分係早經生成，而其他較小之一部分係當空中飛揚時生成。

頗堪注意者，許多火山灰富含分明結晶，如普通輝石、長石、白榴石，是在有處地方且常見幾乎完全爲結晶所成之噴出物（凝固後稱曰結晶凝成岩）；在安多著者見有榍石之良好疎散結晶。然則結晶凝成岩究竟如何生成？成是等岩石之岩漿顯然係從深處噴出，其中之結晶係在地內生成而爲第一期的產物。岩漿在未凝固以先，有幾乎全部成結晶質者，在結晶間僅有難流動之岩質物。迨凝固後，岩石呈富含結晶之外觀，如有幾玄武岩及普通輝石斑岩是。在未凝固以前，若壓力驟然減小，致迸發隨之而起，則結晶間之岩質物粉碎，並有固體結晶迸出。如若在固體結晶間，尚存有巨量岩漿，則岩漿凝固後發生凝成岩。在結晶凝成岩中隨在可見之玻質被膜，即爲從前附在結晶上之岩漿。

法人所稱之 (Cinérites) 或凝灰岩（曾經在法國中部研究）係火山灰塵凝結後之硬塊。是等硬塊天然存於較舊岩系中，然已失去其新近噴出時所有之疎散性，蓋其由次生沈澱作用膠結作用及上層之壓力，已變爲極堅實之物質，如斑狀凝成岩是。當許多火山凝成岩生成之際，或在破裂時或在破裂以後，無不有水之作用，致有泥流 (Schllammsröme) 發生，泥流中並含鹽酸、硫酸及其鹽類。又海底之破裂亦予凝成岩以生成之機會；在是種凝成岩中，並有沈澱物混入。泥流且能惹起火山礫岩之生成，如勒克羅斯氏在馬汀尼克島 (Insel Martinique) 之貝萊 (Pelé) 火山上所察見者是。其火山礫岩係由大塊岩體與礫灰混合而成。又由火山爆裂亦能產出凝成岩，而此勒氏亦曾在馬汀尼克島上察見之。在慶伯利 (Kimberley) 含金剛石之『青地』(blaue Grund) 即係由火山爆發而發生之凝成岩所成。

火山彈　火山除噴出灰礫結晶及較大的不規則岩塊外，又噴出有規則的大小火山彈(vulkanische Bomben)，其大者重二〇瓩許，小者大如荳，往往或較荳為小。火山彈之作圓棒狀及圓荳狀者(然不多見)，一端往往作莖狀。就成分言，火山彈含有與熔岩同樣之物質，體中多巨大孔泡，許多黑曜石火山彈且中空，其大部分似由岩質物包圍孔泡而發生，其形狀係當半凝固岩漿在空中圓旋運動時發生。中心結實者之一種，稱曰『麵包彈』(Brotkrustenbomben)，世稱奇異，其中包含之氣體破內部而出，如焙烤不善之麵包然。又橄欖石火山彈亦世稱奇異。此彈為橄欖石、古銅輝石等之集合體，往往呈圓形或橢圓形。據著者之實驗，知此二礦物有當冷却極速時凝固而呈結晶質粒狀之特性，故顯然係當呈半輭狀態之際噴出。是種橄欖石集合體亦可由人工造成之。

凝成岩中有含水之輝長玄武凝成岩(Palagonit)者，以含方沸石致遭人注意。逢增氏信此岩石為普通輝石質岩石與灰石相作用而發生，並曾由該氏以實驗證明之者。然從其體積之大及占布之廣觀之，似並非為是種接觸作用之結果。魯桑浦書氏稱其中水分係屬次生性質，並認其原來的母體為富鐵分之玄武玻質物。此物常經變化，其所含之多角碎塊為從火山噴出之礫塊，此項碎塊經一種分解物膠結而成凝成岩。蘭堡氏證明基性玻質物頗易經水之作用而含水，然輝長玄武凝成岩之水亦能為該岩所原有者，其岩孔中之方沸石恐係造岩石凝固後直接由沈澱而發生。

又輝綠凝灰岩（Schalstein）亦有可注意之價值，因其中含有多種附生成分，如炭酸鹽類、方解石、白雲母、菱鐵礦等。據現今之觀察，假定此岩石係經一種泥狀熔岩之作用而發生，其中並經灰石及黏土片岩泥之合作。又其中炭酸鹽類之一部分，無論如何亦能由分解而發生。夾在水成岩層間之輝綠岩層經山之壓力能變爲角閃片岩，他如斑狀凝成岩則變爲片狀斑岩（Porphyroid）。

第十一章　接觸變質

在水成岩層與火成岩接觸之處，常察見一種變化。此變化可由新生成之接觸礦物及其結晶質構造認識之，如灰石、泥灰石、砂岩、片岩等，皆能變化而呈結晶質特性，並分別變爲大理石、石英岩或雲母片岩。是種變化係經熱岩漿直接或間接促成之。相似之作用吾人在論包裹物時已曾經述及。然岩類中能感受接觸變質者非僅水成岩一類，即時代較舊之火成岩，在爲其他火成岩穿過之處，亦能發生變質現象。在變質作用中，火熱岩漿在圍岩上發生二種作用，其一種或由直接的接觸而起，或屬於熱之作用或屬於融解作用；此變化曾經亦當作腐蝕作用目之。其範圍包括玻璃化作用、焙烤作用及在岩漿直接近旁之化學變化及接觸礦物之生成作用。至第二種作用往往僅爲重復結晶作用。此作用係由破裂時噴出之氣體或破裂後之水蒸氣所促成。然在岩漿之直接近旁因二種作用皆得發生，故作用之性質有時並不明瞭。

在大多數情形中，片岩、泥灰岩及石灰岩經化學性完全不同之花崗岩、閃長岩、脂光正長岩、輝綠岩、輝長岩、橄欖岩等之作用常呈同樣變化，由是乃知岩漿除惹起接觸作用外，普通不發生化學的影響。片岩等岩石中大部分之變化概由高温度、水及晶化物所惹起，然其中不無許多例外，如在錫石、電氣石、黃玉及柱石之生成作用中有氣化作用(Pneumatolyse 卽氣體之化學作用)。此外直接的岩漿作用亦發生，但僅見於逼近岩漿之處。温香克氏謂火成岩在圍岩上之作用係出於下列諸原因(一)岩石所發散之熱、(二)礦化物、(三)壓力、(四)自熔漿侵入以至冷却之時間。該氏指出在基性岩漿中，礦化物之含量實較酸性岩中爲低。吾人又知凡不含礦化物者之基性硅酸熔漿亦如含礦化物者一同容易結晶，而酸性岩則不然。又含多量礦化物及水者之岩漿能惹起較其他岩漿爲甚之變化。然在變質作用中，受變化者之圍岩之性質，如多孔性、層理等，概言之，其中凡關於岩層滲透性之性質，皆惹起影響。由實驗及推想，知壓力對於滲透性亦發生影響。

❶ 温香克氏認花崗岩質岩漿之温度甚高，然除在稍深處外，當不能一概論之。

腐蝕作用

砂岩經噴出岩、玄武岩及粗面岩之作用，往往玻璃化，並發生柱狀節理。在許多情形中，更有堇青石、尖晶石、普通輝石間或鱗石英及玻質物產出。後者一部分呈脫玻璃化現象。石英岩亦呈同樣之現象，其緣邊帶概含普通輝石，後者之成分係取自火成岩。在頁岩中發生碧玉，而在石灰岩中，發生大理石及白雲石；菱鐵礦常因與玄武岩相接觸而變爲磁鐵礦。頁岩中之瀝青(瀝青頁岩)能爲輝綠岩所驅出，而再入頁岩之較遠部分中；石炭能變化而成焦炭。

泥灰岩石灰岩、砂岩與輝綠岩、粗面岩、玄武岩等火成岩體相接觸，時常發生柱狀節理。或包裹物之花崗岩及正長岩經變質作用變化而為玄武岩及粗面岩。當變化時，初則受焙燒及熔融感應，次則發生鱗石英、尖晶石等諸礦物（見第七章），終則復見恢復許多礦物成分（如長石、普通輝石）。是等作用著者不欲在此處討論，學者可在希蓋爾氏之岩石學及勒克羅斯氏之著作中參考之，然一方面仍當舉出數重要變化的手續加以考慮。

石灰岩之變化——在此變化中深成岩漿之化學成分無重要關係，雖然，其所惹起之變化係較噴出岩漿所惹起者為大，故其接觸帶亦較廣。此情形可由深成岩概成巨體，而基性噴出岩概不成厚塊之事實解釋之。

為岩漿所惹起之變化，其最簡單者，厥為大理石由石灰岩之變化，故即為一種簡單重復結晶作用。此作用吾人得在多處見之。若石灰岩之成分原來極純粹，則大概祗在接觸帶中略見有範圍較廣之腐蝕性現象，然並不發生新礦物，而所成之大理石，其體質純粹，不含雜物。又在包裹物上往往亦見有大理石發生，而此可由重融作用解釋之。往是種包裹物中，並見接觸礦物，如普通輝石、硅灰石、白榴石間又鈣長石、柱石、榍石皆是。勒克羅斯氏察見石灰岩包裹物之變化在多數情形中頗為均一。除腐蝕作用外，礦物之新生成為一重要之事。此種生成作用可分為二種。是二種作用實際往往不易區別。第一種係發生在火成岩直接近旁，而往往為成脈肌之接觸變化作用，例如在勃勒達沙及麻索尼發生尖晶石、磁鐵礦、輝石、橄欖石、鈣長石、柱石、恐又石榴石、及維蘇威石。在此變化中，岩漿發生化學的影響。至在第二種較常見之變化中岩漿不發生化學的影響。此變化係以石榴石、硅灰石、綠簾石、普通輝石、瘦棒石(Couseranit)之生成爲特性，其中方解石爲最後生成之礦物。在此變化中有在高溫及高壓之水及晶化物運用其作用能力，而岩石僅受此二種晶化物之作用。

石灰岩在高溫時及高壓下之狀態　哈爾氏(Hall)稱炭酸鈣在壓力下加熱，即能熔融。此問題係與炭酸之氣壓有關。若將大理石置在較當時之溫度應有之氣壓爲高之炭酸氣氣壓下，其離解受阻，而此物遂能熔融。據卻得利安氏 (Le Chatelier) 之實驗，證明在一〇〇〇溫度及每方粍一〇〇〇瓩之壓力下，熔融作用卽可實現。準此則在深處之大理石亦可由火成方法發生，然此爲一種極偶然之事，蓋在稍高溫度時，岩漿在灰石上惹起離解作用，此後氧化鈣對於硅酸之親愛力尤較對於炭酸之親愛力爲大，致不能有大理石發生。

接觸礦物發生之實驗　自波齊歐氏 (Bourgeois) 以石灰岩與玻質物合融而發生新礦物後，著者亦以玄武岩、安山岩、響岩、輝長岩、二長岩之熔漿爲一度之實驗。在熔漿中並浸入碎塊大理石，在二者接觸處，發生磁鐵礦、尖晶石、鍇輝石、鈣長石、普通橄欖石及柱石。又由加入炭酸氣亦達到同樣之結果。此外由加入氯化鈣及氯化鎂，見發生尖晶石及倍長石。勒納克氏後來曾明白宣稱勃勒達沙大理石之水滑石係由倍長石變成，故因此有人以勃勒達沙大理石視爲體質原來細緻之石灰岩，先時經水及氯化物（氯化鈣、氯化鎂）又炭酸之作用變爲倍長大理石，後者經普通水化作用在尋常或略高之溫度及壓力下，變化而爲含水滑石之大理石。他如蘭堡氏信是等岩石亦能在水溶液中生成，而著者亦早主張矽灰石、綠簾石、維蘇威石、雲母能由同樣方法生成，然須加入礦化物。在索謨山（Monte Somma）噴出物中之礦物，如接觸礦物然，亦由同樣方法生成。

在索謨山見有顆粒粗細不等且往往作礫狀之大理石塊，其中含普通輝石、雲母及橄欖石，又在其晶腺中示多數結晶結出物。灰石岩塊除含晶腺外，其成分且爲依規則之帶狀排列；在晶腺中存有許多礦物，而以透長石爲較多，後者往往成羣而現出。勒克羅斯氏因此分噴出物爲含大理石及不含大理石，但含混合岩塊及透長岩者兩種。在含有大理石者之噴出物中，其他較重要之礦物有霞石、斜方鎂氟橄欖石(Humit)假單斜鎂氟橄欖石（Klinohumit）、黃長石、紅長石（Sarkolith）、鈣霞石(Davyn)碳鈉霞石(Mikrosommit)方鈉石、藍方石、白榴石、榍石、磷灰石、鈣柱石、尖晶石、普通角閃石、普通輝石、黑雲母、石榴石、倍長石、石墨及磁鐵礦等。對於此種世界著明噴出物之在生成上之研究，吾人應感激米利許氏（Mierisch）、鐘斯通拉維斯氏（Johnston-Lavis）勒克羅斯氏。是等礦物（霞石、藍方石、普通輝石、尖晶石）多數含有玻質的及液體的包裹物，此點頗有注意之價值。此種玻質包裹物並非次成，但係出於岩漿之作用；如爲畢克氏在甘索哥利所察見者是液體包裹物及玻質包裹物亦同處現見。米利許氏曾證實方解石中含有岩鹽立方體結晶，故在此礦物中氯化物之作用定然存在。該氏解釋此種噴出岩塊之生成，並分之為二種：一種為石灰岩塊及帶狀硅酸鹽塊，一種為含晶腺塡充之集合體。岩塊之母岩為亞平寧灰石(Apenninkalk)。此石無論如何並非為純粹炭酸鈣。其碎塊當初經焙燒，發生裂縫，嗣後有熔岩塡充於裂縫中。熔岩以其含有巨量氧化鎂，故在裂縫近旁發生普通輝石及黑雲母帶。反之，在離岩漿較遠處生成之尖晶石及鎂橄欖石並非經熔岩之作用而發生，蓋若然，灰石與尖晶石亦必須發生也（在麻素尼火成岩漿之近旁發生尖晶石）。該氏對於別種礦物之生成謂有關於噴氣孔作用，如在晶腺中普通角閃石及冰長石之生成卽為此種作用之結果。據勒克羅氏之見解，謂礦物之由熔岩直接發生者，祇有鈣長石、硅灰石、尖晶石、輝石，並謂其他礦物概為火山噴出物。該氏憑正當之理由證明氯化鈉之作用，並謂如在弗利推爾(Friedel)及薩拉辛(Sarasin)之實驗中，然方解石係當五〇〇度時從含氯化鈉之水溶液中由炭酸鈣產出。

據著者之見解，在索謨岩塊與在勃勒達沙之麻索尼及甘索哥利之接觸產出物間，並無根本上的差別，並信一部分之礦物如普通輝石、橄欖石、輝鐵礦、鈣長石、柱石、尖晶石係由岩漿直接發生，其他礦物係由氯化物或由氟化物所促成。硅灰石係由 SiO_2 與 CaF_2 相作用而生成，雲母在有氟素時發生，又石榴石（恐又維蘇威石）之生成須用氯化金屬。凡是等礦物（又如普通角閃石）皆在低溫度下生成，且須有礦化物存在之必要，又其中炭酸亦必須存在。

在凱撒斯都爾斯(Kaiserstuhls)以含矽灰石、石榴石及泡沸石爲特性之響岩含有大理石包裹物。格勒夫氏(Graeff)信此種包裹物之生成不必藉岩漿之作用，其矽酸鹽類係由含石英之石灰岩所變成。

由上文觀之，知石灰岩中之礦物在同一區域（如在索謨、麻索尼）能依兩種方法生成；又火山岩漿之作用可分爲三種：第一種爲在脈肌之直接腐蝕性作用。由此作用，發生尖晶石、磁鐵礦、柱石、橄欖石、鈣長石；第二種爲氣體晶化物及水蒸氣之作用，其中岩漿物質並不直接加入，然並非無其例外，如矽酸灰石角閃岩(Kalksilikathornfels)即由是發生；第三種爲在低温下水溶液之作用，其影響爲使不含水分之礦物皆變化而爲含水分之礦物，如蛇紋石之生成是。此種種作用之結果以矽酸灰石角頁岩之生成（其生成處往往離火成岩不近）較爲重要。此問題關係壓力下熱水及礦化物之變質作用，雖然，岩漿之成分至少在接觸處亦與該岩之發生有關，如在接觸處發生維蘇威石即示此種情形。至岩漿之成分是否與一岩石之發生有關自然視特殊情形而決定。温香克氏謂石灰岩中之石英、磷灰石、曹長石、雲母、電氣石、石墨係經壓接觸變質作用(Piëzokontaktmetamorphose)發生，而其他學者則以其爲動力變質作用之結果。

砂岩石英岩頁岩黏土等之變化

成層岩中，其能引起較石灰岩之變化爲大之興趣者，決爲其他成層岩之變化，而頁岩之變化比較尤爲複雜。接觸變質作用概由深成岩所惹起，然噴出岩中如輝綠岩亦能惹起重要變化。至玄武岩則僅能惹起微細變化。接觸變質作用對於地方變質作用及頁岩之生成有重要關係。學者之觀察皆一致認同一火成岩若與砂岩或泥灰岩相作用，能惹起種種接觸產物。在此情形下接觸片岩幾乎全然不受影響，砂岩所受之影響尤較頁岩所受者爲小，故影響之程度不視惹起變化者之化學成分，但視受變質作用者之成分而異。頁岩受接觸變質作用後，概發生礬土硅酸鹽類、空晶石、紅柱石、藍晶石及堇青石、雲母、石榴石、綠泥石；若頁岩中含有重量鈣分，則鈣石榴石、綠簾石、輝石、普通角閃石產出亦較富。柱石、瘦棒石似在較基性的火成岩中發生，是處隨破裂而上昇之水、氯化物、氟化物、頗與是等礦物之生成有關。變質之程度且可隨當地之情形而變。如在挪威國干尼爾脫魯(Gunildrud)之志留紀片岩，因與花崗岩相接觸，一部分變化而爲高嶺礬土片岩，而一部分則完全不發生變化。排魯埃氏 (Barrois) 察見烏爾哥 (Huelgoat 在不列顛) 之花崗岩，祇其東部惹起變化，而其西部並不惹起變化。又在同一部分，變質之程度以在花崗岩體穿過之處較高。此外又有圍面、岩層斜度及原來岩石顆粒之影響。

對於火成岩體使圍岩變質之範圍，爲急應明瞭者之一事項。受變質之區域稱曰接觸帶(Kontakthof)，其剖面之形狀常隨火成岩之形狀而變，尋常概呈圓形或橢圓形。接觸帶半徑之大小尋常極相懸殊。其由花崗岩惹起者，係較由基性岩（如輝長岩）惹起者爲大。其故因酸性岩之溫度較高，而所含之礦化物亦較富。接觸帶之半徑天然相差甚遠，而大約相差於三○○米至五○○米之間。火成岩體愈大者，接觸帶之半徑亦愈大。接觸帶之大者，如見於英吉利之斯啓多及愛爾蘭之威克婁。在麻索尼之南部，著者亦察見半徑近二○○米之接觸帶。

頁岩　深成岩（尤其酸性花崗岩、正長岩及閃長岩）在各種頁岩及相類似之岩石上所惹起之變化尤爲重要。在挪威、英吉利、法蘭西、波孟士雷濟安、哈庇等處，是種變化曾經精密之研究。其論文散見於希蓋爾、羅夫及魯桑浦書之著作中。魯氏敍此變化如下：『最初分明之標記爲一種呈節狀且似結核之細體，後者在愈近深成岩體之處，其數亦愈多，而體積亦愈大，同時在頁岩劈面上見呈分明之閃光，其結晶程度增高，並逐漸現出石英顆粒及分明雲母細片，致岩石之癖性呈雲母片岩之傾向。嗣後節顆之數減少，至愈近花崗岩之處逐漸完成消失。頁岩於是變爲結晶岩，但其中片狀構造往往並不分明。』是種接觸帶可分爲三層：自外向內伸展者爲第一層，稱曰果狀片岩層，普通亦稱節狀頁岩（Knotentonschiefer）層（法人稱之曰（Schistes-glanduleux）。此帶岩石與未經變化者之頁岩相差有限。在顯微鏡下，節顆與其他部分之界限並非完全清楚，但表示一種現暗黑色之體（石墨）。又富普通角閃石之輪狀片岩（Garbenschiefer）亦在此帶中見之。在第二層中有角片岩及斑點片岩，其中概富雲母，又其片理分明；更向內部層中之斑點變化而爲空晶石。在第三層（卽最內之一層）中，角頁岩最多。此岩頗易鑑識。成此岩者之礦物有鋼玉石、尖晶石、硅線石、紅柱石、董青石、十字石、榴石、輝石、普通角閃石、綠簾石、黝簾石、雲母、綠泥石、方解石、石英、長石、鍇鐵礦、金紅石、銳鍇礦。頁岩中之炭質物以後變爲石墨，褐鐵礦變爲鏡鐵礦及磁鐵礦；又由金紅石產出榍石，由黃鐵礦產出硫鐵礦。是等礦物一部分係由熔漿結出，他如紅柱石、十字石、綠泥石由含水之熱溶液生成，至綠簾石、雲母、石榴石、普通角閃石顯然由含水之熱溶液或含水之熔漿生成。

角頁岩之特性（此岩係完全結晶質）在含有巨量包裹物，其中以石墨最多。此岩呈篩狀、骨骸狀或海綿狀之構造，其中包裹物或爲與原來層理相當之排列。由頁岩及相類屬之岩石發生之接觸片岩係以多數構造上之特性與其他結晶片岩相區別，如在由頁岩發生之片岩中，紅柱石往往與石英顆粒或黑雲母細片相透生；又在完在新鮮之長石中，常含有作帶狀或球心狀排列之石英、黑雲母及磁鐵礦包裹物。是等包裹物且常呈圓形或卵形。此外其所含之石英及長石呈分明直線多邊形，以致石英與長石之集合體呈石道狀或蜂巢狀之外觀。此外顆粒之變大亦爲一件應注意之事，如畢克及盧希(Luzi)在由硅質片岩變爲石英岩之變化中見之。頁岩之接觸變化物，有經達爾謀氏（Dalmer）所研究並經厄爾士花崗岩所惹起之千枚岩。是種產物之成分有出於岩漿者與出於沈澱岩者之分，如在石灰岩之接觸帶第一層中所察見；是是處兩方面之成分能互相交換，如勒克羅斯在索謨石塊中見之。一方面礦化物亦能成其中之成分（雖分量有限）。然在石灰岩及頁岩之變化間，猶存有一種差別；在石灰岩變化中，接觸帶近旁之情形較爲適於礦物之生成。

千枚岩接觸變質中之化學作用　亨德孫氏（Henderson）謂千枚岩與其變化物間之差別乃在後者中多化合而少不化合之硅酸。黑雲母似由石英及綠泥石生成，在正長岩之直接近旁，千枚岩之變化物每示比較千枚岩爲多之硅酸，又 MgO, K_2O, Na_2O 增加；但水量則減。達爾謀氏稱在士內堡千枚岩之變質作用中，鉀雲母及綠泥石變化而爲紅柱石、黑雲母及鉀鈉雲母，並有水析出。達氏謂當正紅柱石雲母岩由千枚岩生成時，發生下列反應：

$$10[(H,K)_2Al_2Si_2O_8]+\overset{II}{R}_4\overset{III}{R}_6Si_3O_{19}\cdot5H_2O+2SiO_2=$$

$$3(Al_2SiO_5)+(H,K)_6\overset{II}{R}_4\overset{III}{R}_6O_{32}+7[(H,K)_2Al_2Si_2O_8]+5H_2O$$

該氏並謂堇青石之發生係出於石英與綠泥石之結合，此礦物然亦能由鉀雲母發生，其中 MgO 代水及 K_2O 且有硅酸加入。

氟化變質作用　上文中所述之變化，當進行時，並不從火成岩攝取重量之物質，然當電氣石角頁岩及電氣石片岩生成時，則爲另一種情形。又園岩中黃玉之生成（如在薩克孫之蛇石 Schueckenstein 中），及阿爾丁堡及訊華花崗岩中錫石之生成亦然。錫石之產出固屬罕見，然電氣石之生成則頗爲慣見，且範圍往往極廣。與電氣石之生成有關者，爲當花崗岩破裂時及破裂後所噴出之氟化硼，其影響之所及往往以在脈縫爲限，然有時普及於花崗岩周圍片岩之全部，如在花崗岩之近旁片岩往往飽含電氣石，觀此則火成岩之成分勢必變成具高温之氣體加入於片岩中，然不必認有一種高温度，蓋其中起作用之水有減其他混合物（如硼酸或氟化鍇）沸點之特性。又當黃玉、螢石及偉晶花崗岩生成時，氣體礦化物亦惹起作用。由深處上昇之氟化物氣體使花崗岩變化而爲雲英岩，石英係當温度低降時而非極高時生成，其中水與當時之壓力助石英由氟化硅中折出。

輝綠岩在頁岩上之接觸作用　與頁岩接觸時，輝綠岩發生一種特殊之作用。此作用之範圍並不廣闊，但祇限於數粎廣之區域，其中含由綠板岩(Spilosit)鈉長英變質板岩(Adinol 爲石英、鈉長石及光線石之混合物）所成之接觸帶及角板岩。魯桑浦書氏察見在爲輝綠岩所惹起之接觸變質中，頁岩變化後之礦物成分比較少與岩石原來礦物成分有關，然在爲別種火成岩(如花崗岩)所惹起之變化中則不然，且變化之範圍往往限於數粎以內。在此變化中並發生石榴石、維蘇威石及普通輝石，在許多地方（如在哈疵 Harz）之頁岩接觸帶中且產生角頁岩、綠板岩及條帶綠板岩(Desmosit)在別處地方產鈉長英變質板岩。又當頁岩變化而爲鈉長英變質板岩時，SiO_2 及 Na_2O 增加。此變化若爲粒狀輝綠岩所惹起者，則所變成之鈉長英變質板岩係在輝綠岩之直接近旁，其中所含之碳質、炭酸氣及水亦因岩石之高温度而消失。在此變質作用中且起化學的交換；凱壽氏（Kayser）謂在哈疵區域，水成岩經輝綠岩之作用而起之變化係與在高壓力下並飽含硅酸鈉之熱水有關。水成岩之可塑性狀況使礦物之生成容易不少。排魯埃氏謂在烏爾哥之花崗岩區域中含氯化物之過熱水發生關係，羅善氏則謂有温泉中之物質加入在哈疵之輝綠岩接觸變質中區域變質亦發生重要之影響。

輝綠岩及輝綠凝灰岩之經花崗岩之變化　輝綠岩經礦化物之作用，即發生劇烈變化。其所含之普通輝石變化而爲假像纖維角閃石（Uralit）。羅善氏謂該岩之鍇鐵礦變化而爲榍石，黃鐵礦變化而爲白鐵礦，此外綠泥石及鈉黝簾石（Saussurit）亦發生。從普通輝石玢岩乃發生普通角閃石片岩，其中含有黑雲母、輝石、柱石及磁鐵礦。方解石則消滅。輝綠凝灰岩變化而爲綠色片岩；又成蓋層及層脈之輝綠岩亦變化，然此變化恐非單獨爲接觸變質所促成，而恐又與動力變質作用有關。

據許多地質學家之見解，謂接觸變質作用與結晶片岩之生成有重要之關係，然是否同時又有單方面壓力之影響則往往不易決定。温香克氏稱中央阿爾伯斯之結晶片岩係由接觸變質作用生成，且爲諸種火山力作用之結果，然此種變質並非爲尋常變質，但爲壓接觸變質，其中壓力發生重要之作用。在壓接觸變質中，園岩經山之褶曲作用而鬆散及破碎，且因高壓之關係，地質力有侵入岩石中之機會。温氏雖謂高壓力助長接觸變質，然視普法夫氏（F. Pfaff）及斯拍西亞氏（G. Spezia）之實驗，則似與此見解相反對。斯氏謂在一七五〇氣壓下尚不發生重要變質作用。觀此則在此種變質中恐發生如凡希采（van Hise）所稱之壓縮作用（Stress　其意義謂在固體上之壓力作用此種固體係在溶液狀態中）。火成岩之變質能力，又似過於誇張，而此就接觸帶之半徑概不大於二至四粁觀之，尤近似實際。雖然在許多地方（如在阿爾伯斯）接觸變質之影響不致誤視。

接觸變質之理化作用　因與火成岩漿接觸而起變化之岩石，在化學成分上概不發生變化，此早明白示之矣。當時故並無物質加入，然並非無其例外，如當岩漿直接作用於大理石包裹岩塊時。是變化之原因非單獨爲熱一種，蓋黏土及片岩並不因受熱而熔融，且如紅柱石、空晶石等特性接觸礦物並非從熔漿產出，其構造又不呈如由熔漿產出者之自由活動性。接觸變質中之接觸礦物又並非單由水溶液生成，否則應有更多量之含氫氧基的礦物發生；職是之故，變化一部分之原因爲氣體礦化物（如氯化物氟化物及其他）之作用。是種礦化物或成溶液或成氣體，其中如水蒸氣、氯及氟等氣體在高溫度時不直接加入反應中。其作用大半爲催促反應之實現，故其一部分之作用恰如接觸劑，惟較正的實際情形可惜無從洞悉。

過熱水之影響　陶勃萊氏在其研究變質作用之工作中，已明知水在高溫及高壓下時之影響，然就今日所知，壓力並不惹起重要之影響；在稀釋溶液中，水之溶解能力固然增加，然不大。又由西拍西亞氏之實驗知增加壓力祇使溶解稍稍加速，而稍稍增加溫度則使溶解特別加速。由過熱水乃產生溶液，而接觸礦物即在此溶液中生成。當溫度在五〇〇度左右時，有曹長石、正長石、石英、鈣長石及霞石從水溶液中析出，然如紅柱石、十字石石榴石等特性接觸礦物則未能由此方法生成。

水與礦化物擴張變化之範圍。氣體礦化物經高壓力之合作，侵入尋常不易穿透之岩層中，而使巨塊岩體完全發生變化。由深成岩所惹起之變化，其範圍之廣狹表示岩層並非皆易爲深成岩之過熱水所滲透。變化範圍最廣者，莫如在黏板岩中，且其變化均一，因此完全成層之岩石極富滲透性故也。接觸變質之程度在離火成岩愈遠處愈低，因溫度係隨火成岩之距離而減，至水量之減少，猶爲一個較小的原因。又岩層之去向對於岩層之變質亦惹起影響，因層向係與水蒸氣侵入之方向有關。基性岩以噴出時不伴盛量之水及礦化物，故其影響比較酸性岩爲小；且又不含氟及鎢，有之爲量亦極低，然因含有巨量(HCl)，故在基性岩中概有含氯之接觸礦物（如柱石）發生。對於紅柱石、菫青石、十字石及石榴石之在高壓下並五〇〇度高溫時由熱溶液之生成，頗有實驗之餘地。又各種火成岩之粉末在是種溶液中並加氟化物及氯化物後之情形亦須實驗。實驗礦物學在此一方面之工作，故仍多，尤其在定性及定量一方面之實驗及飽和溶液一方面之實驗爲然。實驗時須觀察其溫度。此外急須解決者，爲水當惹起接觸變質時之溫度，並尤須決定液體水及蒸氣水之存在與否。吾人由實驗證明在四百度以下之溫度時並不發生長石，但祇發生沸石，故長石之非有較高溫度不能生成焉，實在意料之中。由此乃證明當水惹起接觸變質時，其溫度實在四百度以上。成液體之水恐比較成蒸氣者容易造成含氫氧基之化合物，故當時之水恐係在臨界點以上，或即在氣體狀態中壓力影響化學反應之變化點故當成同質異像化合物時，壓力極爲重要，如在高壓下有普通角閃石生成，而在低壓下有普通輝石及橄欖石生成。壓力在另一方面之影響恐爲使氣體容易侵入各種岩層中，且每使氣體作用之時期延長至對於重復結晶作用壓力無重要影響。

第十二章　結晶片岩之生成

對於解釋片岩生成之各種假說，在是處不能一一舉出討論，蓋如若按步討論結晶片岩之發生史，恐超出本書之範圍，但對於有事實爲根據之假說，卻欲從略說明。對於片岩之由來，自來有兩個互相對持之解釋：一說稱其爲變化物，其他稱其爲原始生成物。若以後者一說爲然，則可視其爲原始沈澱物或略經變化者之地球上凝固皮殼物；反之，若以前者一說爲眞確，則其變化方法可分種種，且性質亦不一致。以結晶片岩爲地球上第一次凝固皮殼物之見解，已早在信奉之列。此見解吾人然仍可反對，尤其因吾人決無察見此種鎔鋅皮殼物之機會。就物質言，在片麻岩、雲母片岩與最古火成岩間並無差異，蓋鎔鋅皮殼物實爲一極酸性之物。以結晶片岩爲第一次凝固皮殼物之見解，一方面又基於花崗岩及片岩間之近似，且就事實言，凡爲片岩所特有之並行構造亦見於火成岩中。昔日附從此見解者，頗不乏人，如司克羅普，達爾文，霍夫孟（Fr. Hoffmann）挪曼氏（C. F. Naumann）薛勒萊（Th. Scheerer）輩皆在其列，新近又加添羅夫氏。又地球上片岩之普遍及其極厚的厚度亦有證明此學說不誤之作用。片岩中礦物成分之差別頗爲特性，而此可依走向及傾斜向察見。羅夫氏謂是種差別如在火成岩中然，謂出於分裂作用。是種經分裂而發生之岩體能成層狀或成扁豆形狀現出。據羅夫氏所稱，其片理爲出於側壓力及褶曲作用，或可由以後的化學變化解釋之。

對於此假說，然仍有許多可反對之理由，如片岩中圓子石、礫岩之存在及時期較新之雲母片岩之現出，皆使人反對此假說。基啓氏(Archibald Geikie)謂由觀察所及，片岩層系其實並不普遍。溫香克氏且察見片岩並無均一性，而此可由其岩石的及構造的差別明之。又北美英吉利、斯干的那維亞及芬蘭等處之地質學家之研究，亦爲同樣之證明。

火成片麻岩

許多片麻岩由其特性觀之，呈一種如火成岩所有的性質，並因此而不呈如原來凝固皮殼物之外觀。在分類上，於是發生一個問題，卽是種當然屬火成岩類之岩石是否以稱花崗岩爲佳，抑稱片麻花崗岩爲宜。此種情事，然祇限於有數岩石。據撒推阿姆氏之見解，謂許多在芬蘭之片麻岩係由最古的火成岩變成，雖然其由水成岩變成者亦見之。

有種片麻岩實際卽爲火成岩之見解由來已久，如斯克羅普氏在一八二五年時已有是種見解。又如挪曼氏、米勒氏、耶洛夫氏信奉薩克森片麻岩(sächsische Gneise)爲自火成岩變成。萊孟氏(J. Lehmann)亦以一部分之片麻岩爲火成岩。他如約開利(Jokély)等許多考察家亦言發見片麻岩岩脈。其最能惹起興趣者，決爲成蘇格蘭岩盤之琉伊始片麻岩(Lewisian Gneis)。此岩曾由基啓氏詳細說明之。是處所見之基性片麻岩係呈條帶狀，而若不計及由小壓力而發生之細小變化，此岩固可視爲火成岩，其中葉狀構造及並行構造可視爲有與流動構造同樣之生成。此片麻岩表示爲從前火山產物之一深成相，其中爲許多基性火成岩脈、輝長石橄欖岩等所穿過，後者亦略示片理性。猶須記憶者，許多火成岩呈條紋狀及不規則條帶狀之構造，如亞丹 (Frank Adams) 所述之斜長岩(Anorthosit)雖確實爲火成岩，然呈與片理相近似之構造。片麻岩之並行構造或爲原成的或如在經變化者之岩石中爲次成的。棗厄 (Sauer) 表示許多片麻岩之並行構造爲一種流動性現象。

火成片麻岩之接觸現象有內外之別，又其與花崗岩相同之接觸帶及如硅線石、十字石等之特性接觸礦物亦可察見。希蓋爾氏 (Zirkel) 且證明在是種片麻岩與石灰岩之接觸處，接觸礦物（如在花崗岩接觸處）能填充大理石。溫香克氏謂許多片麻岩似出於火成的生成（並不呈動力變質現象）而可視爲與花崗岩、正長岩、雲英閃長岩及閃長岩或輝長岩相當之流紋狀、節狀、片狀、帶狀花崗岩。至第二羣片麻岩呈別種構造，而係由壓結晶作用所促成。是種岩石故隸屬於由變化而發生之花崗片麻岩範圍內。

由花崗岩變成之片麻岩

是種片麻岩仍與原成火成片麻岩相類屬而爲經過變化者之花崗岩，其原有之性質因受動力變質作用之影響，已傷失殆盡。此見解如若有理，則火成片麻岩可分爲原成者與夫由變化而發生者兩種，其區別殊非易事。結晶片岩雖似成一個岩羣，然就其由來言，似分別隸屬於數個互相迥異之岩羣，其中與火成岩同族者有之，與水成岩同族者亦有之。

對於原成花崗片麻岩迄今尙未解決者之問題，卽其片麻岩狀之性質是否當凝固時抑在凝固以後發生是。此問題不易由因推果或由極普通方法決定，而非從數種產物之硏究及顯微鏡的考察，不能明其究竟。多數片麻岩之片狀癖性似可意料其當凝固時發生。花崗岩與片麻岩之識別往往不易，兩者之關係極爲密切，而若欲決定一產物之爲片麻岩抑爲花崗岩，則常惹起許多爭執。片麻岩之定義如若遍重片狀構造，則此構造在火成片麻岩及花崗岩中皆能發生，其他差別往往消失無存，故對於分類上之根據常爲爭執之點。至由變化而發生之花崗岩必須稱之爲片麻岩。準此則片麻岩可分爲兩種：一種係原成的，其並行構造可視爲流動性現象，故爲一特殊的花崗岩（或火成片麻花崗岩），而一種爲經動力變質或壓結晶作用（此作用爲溫香克氏所承認）而發生之片麻岩，然一片麻岩之爲火成的抑爲由變質而成的，則常不易決定。

若不將原成片麻花崗岩列入花崗岩中，則片麻岩之由來可分爲三種：一種爲由火成岩變成之片麻岩、一種爲由水成岩變成之片麻岩，而一種爲原成片麻花崗岩。魯桑浦書氏分由變化而成者之片麻岩爲次列二種其由火成岩變成者稱曰正片麻岩(Orthogneis)，其由水成岩變成者稱曰副片麻岩(Paragneis)。至極近花崗岩狀岩石而久視作片麻岩者之一種，稱曰中心片麻岩(Zentralgneis)，溫香克氏稱之爲中心花崗岩，此名稱較爲適當此岩皆一致認爲原成火成岩但在凝固以後，許多似曾經動力變質作用而發生變化，溫香克氏則根據重要理由，謂是種岩石之異常癖性並非後來發生，但爲岩漿在壓力下結晶之結果，故卽爲壓結晶作用之結果岩漿經此擾動作用被壓迫而上昇，成爲山脈之中心部；著者不以此見解爲不合理。

白粒岩　對於白粒岩(Granulit)之生成，曾經多年之爭論而爲一種頗饒興趣之事。挪曼氏謂此種含長石、石英及細小石榴石之片岩恆有火成的由來。施德內爾(Stelzner)主張白粒岩由變質而生成；萊曼氏則以此爲由具半可塑性之岩體侵入眞正水成岩中後在較深處凝固之火成岩。列卜修司氏之見解係與挪曼氏一致。棗厄氏覺白粒岩之癖性係由地內的動力壓迫岩漿而發生。克累德涅(H. Credner)對於白粒岩之由來向來傾向水成的一方面，然今日亦改變其意見而視此爲一種呈岩盤狀而在志留紀水成岩上曾發生接觸作用之火成岩。

同期變化

結晶片岩中之礫岩層顯然表示並非爲片岩中之原成凝固皮殼物，且亦非由此種物質變成者，但就成分上若以之與成層岩相比較，則可知其至少一部分係與成層岩有關。吾人可想像片岩爲火熱古海中之直接析出物，而其中之礦物有與化學沈澱物同樣之產出。干姆倍爾氏(C. Gümbel)稱結晶片岩之生成爲熱水或過熱水在機械沈澱物上作用之結果。此作用稱曰同期變化(Diagenese)。結晶片岩之生成一部分人視爲出於化學的沈澱作用，而一部分人（如干姆倍爾氏）則視爲出於機械的沈澱作用。吾人不欲對於此種未必或然之見解詳加討論。此外猶有一種現下雖少有論及但卻有考慮之價値者之見解，卽以雲母片岩爲由花崗岩及片麻岩之碎屑物變成，其缺點在其如是必仍含巨量長石，然此並非爲必須之條件，蓋遇熱水時長石遠較石英或雲母爲不穩定。在此並非不可能之生成方法中，恆必因壓力而引起原來物質之變化。其他考察家如柏洛爾亭堪氏(Beraldingen)德那氏、萊耶氏輩視其爲花崗岩或粗面岩之凝成岩，然此種解釋仍不能解釋其所含之礦物成分，故必須假定有其他變化而後可。礦物成分之注入作用(Injektion)、移散作用(Migration)尤其是法國地質學家所提倡之長石化作用(Feldspatisation)認長石之侵入爲出於成團岩之花崗岩，而其侵入焉係由接觸變質作用所致。米希爾萊韋氏、排魯埃氏沙勒斯氏(Sollas)輩皆曾舉其例。

區域變質作用

昔日有一種極陳舊之學說，稱多數岩石之生成係出於一種與今日不同之變化。在一八八〇年時，烏登氏（Hutton）謂在上層水成岩之壓力下，岩石與地中火熱熔融部相接觸而發生變化，一部分因此熔融而成火成岩，其他一部分輾化而發生如結晶片岩之層理，申言之，結晶片岩爲經變化之水成岩（黏土、砂土、泥灰岩、頁岩）或經變化之花崗岩、輝綠岩、石英斑岩等，或爲火成岩之凝灰岩。此見解以後更爲普遍。多爾婆姆氏（Törnebohm）伊諾斯脫蘭撒夫氏（Inostranzeff）羅書氏、撒推阿姆氏證明片岩能位在含化石者之岩層以上（雖不常見），觀是則凡結晶片岩皆爲最古產物之見解不復再有正當根據。溫香克氏謂片岩能於各個時代發生。然對於一個全區域或全山是否由水成岩抑由火成岩變化而達今日狀態之見解，則恆不一致。

主結晶片岩由水成岩變化而成者，有布洛倉氏（Brochant）施德岱氏（Studer）彼得氏（Peter）麥利安氏（Merian）婆愛氏（Boue）等。其變化能由下列諸作用發生：一、由水化作用，二、由高溫度，三、由沈澱物中火成岩之注入，四、由接觸變質作用，五、由動力變質作用。

由水成岩變成結晶片岩之變化可以何法證明？若以化石爲主要的證據，則化石在片岩中並不存在。有之，亦只在變化複雜之區域內之石灰岩中可見。結晶片岩中若挾有礫岩者，則爲一種證據。其他證據多屬於古生物一方面而由根據動物發育史導出之。一方面由詳細研究北美及北歐之片岩，覺有認極厚水成岩存在於寒武利亞紀以前之必要。

結晶片岩之化學成分

以片麻岩、雲母片岩角閃片岩等爲變質岩之見解，在以是種岩石之分析與火成岩及水成岩（砂岩、頁岩、黏土）之分析比較時，覺有一種正當理由。魯桑浦書氏由舉出結晶片岩羣之分析稱火成岩及水成岩之化學成分在有數片岩中普通亦存在，而當比較有數火成岩、片麻岩、角閃岩等之分析時，此情形尤其明顯。火成岩之無相當片岩者祇有屬輝閃霞石正長岩質及輝長橄欖岩質兩種。就化學性言在結晶片岩羣中水成岩亦有其代表，如雲母片岩、綠泥片岩、滑石片岩、石英岩等皆是。但岩鹽、石膏及有數硅質岩則無相當代表於片岩羣中。由化學成分上之研究，知一部分結晶片岩如片麻岩、角閃片岩、榴輝角閃片岩、白粒岩等在化學成分上與火成岩相同，而其他一部分則與水成岩相一致。又在許多情形中成某片岩之火成岩亦能依合成方法指出。

結晶片岩重復熔融之結果　在一八八五年時，著者由重融榴輝角閃岩而得一種與普通輝石安山岩相近似之產物，據是在相反情形下則可發生相反之變化，換言之，可使安山岩或化學成分及礦物成分相同之輝長岩、輝綠岩變化而成榴輝角閃片岩。勒納克氏亦添入數種實驗。綠泥石片岩重經熔融變爲一種含正長石、斜長石、透輝石、橄欖石及磁鐵礦之混合物，而其構造有處亦發生變化。角閃片岩經重融以後，帶有如玄武岩之成分，並成爲一種與長石玄武岩相近似之岩體。黑雲母片麻岩與鎢酸混融發生二種長石及普通輝石、霞石、石英，但爲量頗有限。在其他實驗中，該氏由加入氯化鉀及氯化鈣，除得長石外，又得白榴石及普通輝石。雲母片岩與氟化物共融後，發生釩礦、長石、石英，然因溫度之關係並不發生雲母。較是種實驗爲重要者有與此相反之實驗，即火成岩或其成分經壓力作用而發生片岩之成分是。

爲水所惹起之變化

對於水成岩及火成岩之各種可能的變化，茲欲加以切實的討論。所謂水化作用或水的區域變質作用 (neptunischer Regionalmetamorphism) 者，係水成岩由礦物溶液加入而發生之重復結晶作用。礦物溶液係由上層流達深層，其時壓力並不發生影響。此說係比沙普氏 (G. Bischop) 所倡導，而與利爾氏之火的變質說相對待。就地質的及化學的理由言，若無熱水（尤其無高溫度），斷不能望有重要地質現象發生，而由陶勃萊氏實驗所示，知過熱水爲一種起變化之重要地質力。然據陶氏謂在古海中可有變質作用發生，則爲一種不適當之見解。

水化作用若無壓力及高溫度之助，不能發生重要之影響，且縱使溫度增加，尋常所生之變化尚難與事實相一致。古生代岩石之所以不受變質作用之影響者，亦殆爲此故。片岩之構造若單由水化作用亦不易解釋，雖然片岩之有數礦物成分能由此方法生成。

爲高温度所惹起之變化

烏登氏自早卽引地球內部之熱爲解釋岩石變化之助。婆愛氏當一八二二年時復將此假說規定如下：地球內部之熱及上昇之熱氣體使碎屑質水成岩在壓力下由熔融而變爲結晶片岩。利爾氏、赫瑟爾氏（Herschel）巴貝治氏（Babbage）及波蒙氏（Elie de Beaumont）皆爲信奉此說者。至使岩石熔融之高温度如何發生之方法則極不一致，如挪曼氏及科堵氏輩稱深處沈澱物温度之增高係由新成水成岩被覆上面所致，而如列卜修司氏則謂高温度之發生係因岩石向地中陷落所致。列氏之見解恐較挪氏輩之見解爲近事實。又輓近之考察一方面亦承認是種見解，並假定各温度之深級（Tiefens-tufen）變化之程度隨深級而異。亞讓氏分深級爲兩種（見下面論深級之一節）。

注射假說

據一種爲一般法國地質學家所信奉之見解，謂片麻岩係由雲母片岩經花崗岩樣沿層面及片理面注入後而生成。此見解傅挪氏(Foutnet)及杜洛修氏(Durocher)已早經承認之。沿至今日排魯埃氏、米希爾萊韋氏、度怕克氏(Dupac)萊曼氏及塞德爾痾姆氏皆爲崇拜是說者。溫香克氏亦以結晶片岩如是之發生爲屬可能，如對於貝耶利山林(bayesische Walde)之堇靑石片麻岩，該氏視爲一種經花崗岩注入後而發生之片岩。片岩之由此方法生成之可能性自然不應否認。

溫香克氏謂中央阿爾伯斯片麻岩之大部分爲花崗岩質岩石，而由其副成分及構造可與眞正花崗岩相區別。該岩係與周圍片岩層相接觸，其中眞正接觸礦物概未之見。片岩之結晶性愈離花崗岩質岩石愈強，又周圍許多岩石並無機械作用之證跡。據溫氏之意，結晶片岩之岩石的現象證明中央阿爾伯斯花崗岩之生成係與在圍岩上由其惹起之變化有關，又謂周圍片岩層之結晶性係隨阿爾伯斯火成岩之噴發而發生並爲壓結晶作用之結果。此作用係隨造山作用而起之破碎作用發生。

米希爾萊韋氏、排魯埃氏、勒克羅斯氏皆爲信奉注射說之熱心者；該輩承認礦化物之作用。此外臘才克氏(Marazee)謂雲母片岩之片麻岩化作用能由岩漿注入而發生。塞德爾痾姆稱在芬蘭太古片岩層以下是種情形不一而足，其中因有花崗岩混雜，片麻岩已失去其片麻岩狀癖性，是種片麻岩在構造上及礦物成分上係與經變化者之水成岩不同，而以脈片麻岩(Adergneise)稱之。該處除有花崗岩質岩漿注入岩層中外，又見岩漿與片岩質物相混雜。太古片岩是以常與花崗岩密切相混合。塞德爾痾姆氏謂是種成層之岩系係存在地下極深處，是處之温度及壓力使花崗岩質岩漿祇極緩緩凝固至變化之手續其第一步將較大的石英顆粒分離而成較細圓粒，次發生其他花崗岩成分後又發生重量黑雲母石英、長石。

度怕克氏及臘克氏在研究白山(Montblane)之片岩時謂此山角閃片岩中之長石爲當花崗岩質脈岩注入後發生。又由硅酸溶液之注入發生含石英並與閃長岩及正長岩相似之岩石（含有達百分中六一分之硅酸），然温香克氏則謂在是處正長岩質岩漿或閃長岩質岩漿之注入較爲有理。

對於許多著作者所稱在許多地方長石極形豐富之言論，因有注射作用之關係，不應反對，然在片岩中，長石化作用如何發生之細微屈折則無由而知，最簡便者，吾人可就半花崗岩脈及花崗岩脈設想，因是等岩脈由花崗岩注入而發生片岩。

萊曼氏謂片麻雲母片岩(Gneis Glimmerschifer)恐係由花崗岩注射於雲母片岩中而發生。在低陶恩(niedere Tauern 在 Murau 以北）著者在片麻花崗岩及雲母片岩接觸處，察見一種片麻雲母片岩帶，此帶恐亦依上述方法發生。

動力變質

在各種學說中其用以解說結晶片岩之生成者，在今日以動力變質(Dynamometamorphose)一說最博一般人之信仰，在此說中稱結晶片岩係由水成岩及火成岩經造山力之作用變化而成。動力變質雖因許多有力之理由不能視爲一種普遍之作用，然在各種相關之假說中，若認此學說（在其目前的狀況下）最得人之注意者，則無人能反對之。此說雖不能隨處適用，然對於某般情事無不有其根據。又以此作用進行之手續考察較詳，且就物理的及化學的觀點着想，亦較其他學說明白，動力變質說之所以能博得一般人之信仰者，此或爲一個原因。若舉其他學說，言吾人對於其性質及作用，現今祇有一種普通且槪不明瞭之觀念。

在由水成岩變爲片岩之變化中，並牽及造山力、壓力、水及溫度。羅善氏假定此變化係隨造山作用而發生，並係經重複結晶作用依濕式法實現。他如勒挪氏則祇認壓力爲惟一重要的原因。戈斯勒氏（Gosselet）依據陶勃萊氏之先例，頗屬意於過熱水之影響，至如亞謨氏及巴爾脫舍氏（Baltzer）則稱與動力有關。亞謨氏並以此種變化爲動力與水合作之結果。列卜修司氏謂是種變化非單由於山的壓力作用，但爲四種地質力影響之結果：水、熱、壓力及時間。此四者無一可能省缺，準此則單由壓力發生之純粹動力變質，並非合於常理，而如下文所述，溫度亦爲與此變化有關之重要原因。動變變質之名詞，故就嚴密言，並不完全適當。

地質學中有所謂現實說（Aktualismus）者，其對於動力變質不知抱何態度？岩石之生成其實祇有兩法：其一爲在吾人眼前之直接的生成，如化學的沈澱岩及機械的沈澱岩是；又接觸生成作用一方面亦可視爲隸屬於此法。其他生成方法則不能見，此卽結晶片岩由沈澱岩及火成岩之生成方法。是動力變質說卽就現實說立言亦不應廢棄，蓋信奉之者正因今日無結晶片岩生成，決定結晶片岩可由在吾人目前生成之岩石經過久長時間後發生。

固體中之化學反應

動力變質之應用當初係以斯勃林(Spring)之著名實驗爲基礎。該氏信在固體狀態之物質，能因受高壓力而起化學反應，該氏使硫磺粉末及銅屑之乾燥混合物受五〇〇〇氣壓後，果然達到產輝銅礦 Cu_2S 之目的。然其他實驗皆歸失敗。又如 HgJ_2 之發生，據斯拍西亞氏之意，謂並非由於壓力。

一方面由 $BaCO_3+Na_2SO_4$（在固體狀態中）之化學反應發生重晶石($BaSO_4$)或由重晶石而發生 $BaCO_3$；是皆爲固體中發生化學反應之證；然一方面固體中之化學反應仍可反對，而任此種反應有水存在之必要，故所謂固體者無非爲一種極濃厚之溶液，當時之壓力無非催促反應之實現而已；又許多否定結果皆示固體狀態中之反應不能單藉壓力實現。實驗中之特別重要者厥爲斯勃林之否定實驗：灰石岩與硅酸共置在二〇〇〇〇氣壓下並不發生變化，是以片岩中之硅灰石不能由壓力發生，因兩者間之反應需有液體之作用而後可。

純粹壓力作用能否惹起變化，故爲一個問題，如就具副像性 (Paramorphose 卽礦物變形態而不變物質之性質）物質之變相言，此殆為事實，蓋在多像性物體中變化點隨壓力而變，如硅酸礬土之名種結晶物之變化或普通輝石變為普通角閃石及由石炭而變石墨之變化是，然複雜之反應若無水參預恐不能實現，蓋如在動力變質中細量之水為惹起變質之一要素。又溶解性在壓力下之增強亦有一種作用。準此吾人至多能承認壓力在大多數情形中有催促某種反應之能力，但壓力單獨不能在固體中惹起反應，且在多數情形中壓力催促反應之能力並不顯明。

岩石之可塑性

據亞謨氏當初所抱之見解，以為在上層岩石之高壓下，當有可塑性(Plastizität)發生，下層岩石因受上層壓力之影響遂發生變化，且在某一定壓力下其變化並不伴破裂現象。在褶曲山中該氏分是種變化為次列二階級：在較深之處發生不帶破裂性的變化，而在上層中發生帶破裂性的變化。對於金屬之可塑性，特勒斯加氏(Tresca)在一八六八年時曾詳為說明，並示在高壓下，金屬如冰然，亦能流動。又坦曼氏(Tamman)近來亦有同樣之實驗，其實驗指示溫度之增高實使可塑性加強不少。普法夫氏則不能證明亞謨氏對於可塑性之見解。萊曼氏在並行滑動(Translationen)中見結晶可塑性之明證。

至在礦物學上之實驗其結果如何？亞丹氏及尼科爾孫氏(Nicolson)實驗大理石時在常溫下並無結

果，然迨溫度自二七〇度增加至三五二度時，大理石之構造發生變化，並產生雙晶。又利納氏(Rinne)實驗大理石時並未察見可塑性；在實驗方解石時祇能由滑動（或並行滑動）可起變化。至在石英中則不然，是處祇呈破碎現象。謬開氏在別種礦物（如透輝石）中亦得同樣之結果，而知壓力對於硅酸鹽類有使其破碎之能力。希賽氏及霍斯耕氏(Hoskins)承認岩石在一〇粁深處時皆呈可塑性，在是種深處，是以並無罅隙；著者則謂此說全無證據，並信可塑性祇在高壓下及高溫時發生。又當結晶片岩生成之際，其可塑性不能單由壓力發生。在稍高壓力下可塑性並非絕對地一定存在。就石英言，若無溶液，其可塑性斷無實現之機會。可塑性（指全體成分之可塑性）每須極大的壓力，且必須超出三五粁厚之水成岩層之壓力以上，且須有高溫度。

依據不破裂性褶曲之學說，可塑性係當山之一部分受緩慢切線壓力時發生，然由顯微鏡的考察及可塑性實驗，知是說至少就其範圍言，不能視爲確當，蓋由實驗而知各礦物或各岩石對於壓力發生極不相同之情態，而此可在石英、長石、方解石、黏土及岩鹽上證明之。

在高壓下，黏土或頁岩較易呈可塑性，此實無疑問，即泥灰岩亦然。在石灰岩中完全的可塑性務須有高溫度爲條件，而如石英、長石、普通輝石或片麻岩及同樣岩石之完全的可塑性除非當溫度近融點時，頗多疑問。溫香克氏因此對於在高壓下砂岩中石英粒能在內部呈均一變形而同時不呈破碎現象之見解，抱反對的態度。米克氏亦爲反對者之一。可塑性之實現務須有使物質熔融之高溫度而後可。又坦曼氏指出可塑性祇隨溫度而增，並當溫度近融點時達其強度。據著者之見解，在高壓下強半矽酸鹽類非在高溫時不能具有可塑性，故此性質係在極深之處而非在一〇粁至二〇粁深處所可實現，並謂有數成分在高壓下因融解而呈可塑性。石英在是種情形下決不發生可塑性，有之除非成液體時。岩石中有如韉砂岩 (Itakolumit) 者，因其石英顆粒排列之關係，呈某度彎曲性，但石英則不能彎曲。

山之壓力　當解釋壓力作用時，頗易引用假說，但如若不欲離開實際境地而立言，則覺假說之引用有限制的必要。蓋地質學中其因概括少數現象而惹起之錯誤，恐亦以在假說中爲最甚。在不久的過去地質學中有二種未曾解釋明白者之要素，卽壓力與時間是，在實驗室中當反應完全失望時，則恆以時間不足爲辭，雖然，在四八小時內祇產出〇·〇〇一粍大之結晶之反應，非在一〇〇〇〇〇年後固不能產生極大之結晶，然在短時期內，至少須有反應之證跡而後遂能謂反應之不易立見無非因時間上之關係。

時間之第一種影響在使極短時期內不分明之反應在多年後呈分明的結果。至其第二種影響已由凡特荷甫氏言岩鹽層之生成時指出，尋常因時間過短致謂有種物體之產出非在高溫下不可，其實若時間延長在低溫下亦能發生。由迅速的反應，往往不發生結晶，有之非溫度爲同時的增高不可，然若時間延長卽不增高溫度，亦可產出結晶。在自然界中時間往往代替溫度稍稍之增高，換言之，時間之一部分亦可由溫度某一定之增高代替。在實驗中此種情形自然極爲重要。凡發生緩慢反應之稀薄溶液因時間較長，往往發生一種結晶質沈澱，然若反應迅速則因時間過短每產非晶質物。

對於礦物之生成及溶解性，吾人早認壓力有極大的影響。吾人信許多在實驗中不能發生之礦物祇能在高壓下生成，然壓力之神祕能力爲一極大的疑問，而如斯勃林氏之重要實驗亦示此能力懷疑之處。壓力實際的作用在改變類質多像性結晶物之變化點，而如對於普通輝石及普通角閃石、石英及鱗石英、硅綫石及紅柱石，壓力有左右變化之能力。化學反應若無水參預其間，恐不能在固體中實現。其一個例外據斯勃林氏之實驗爲金屬之單簡的結合或硫化金屬之生成，但由此不應即決定壓力單獨能在片岩中發生新化合物。

壓力對於礦物溶解性之影響　索爾培氏（Sorby）普法夫氏及西拍西亞氏之實驗表示礦物之溶解性隨壓力而變強，然其變強仍有限。斯拍西亞氏且表示許多氣壓之增加祇使溶解性稍稍變强。外奥拉氏（Viola）謂斯拍西亞氏之所以得如此之結果者，其故因用石英結晶而不用細碎粉末，若其改用粉末，則溶解性當變強不少也。此見解在某一定範圍內誠屬有理。斯拍西亞氏之實驗表示壓力祇能發生一小影響，故非與溫度可比。若溫度不行增加，則據斯拍西亞氏及普法夫氏實驗之觀念，普通壓力不能惹起強溶解性，如石英及正長石在一三七〇氣壓下不呈分明強度溶解性。若施強壓力於化合物之飽和溶液上，則發生另一種情形，如沙德利安氏曾由實驗證明之。該氏加壓力於氯化鈉及硝酸鈉之飽和溶液上發生如大理石之固體。此方法或可用製大理石及石英岩。

斯拍西亞氏對於言溶解性隨壓力之大小而分強弱之極普遍的假說，今亦表示反對。據魯西婆姆氏(H. W. Roszeboom)之理想的詳細說明，溶解性之變強有種種不同之原因，如濃度亦為其一原因。有時卽使壓力減小，溶解性反能變強，但在稀薄溶液中，此種情形則未之見。斯拍西亞氏對於石英細粒之溶解及其由硅酸鈉溶液之生成，曾作數個實驗，該氏信壓力之減小並不助結晶作用。又由其他實驗，該氏反對壓力單獨能惹起化學反應。

無論如何，在結晶作用中，若以壓力與溫度相計較，則壓力處次要地位，而在溶解作用中亦然。如由普法夫氏及西拍西亞氏之實驗所示，顆粒之大小頗與溶解性之強弱有關，顆粒小時其溶解性自然極強。至對於由單方面壓力(einseitiger Druck)而起之溶解性，則尚未由實驗考察。

單方面壓力

此外尚有一個應解決者之問題，卽單方面壓力是否天然特多發生是。吾人不能認此種壓力具有普遍性，蓋單方面壓力易變化為多方面壓力也。當地層變位時，此種壓力卽有實現之機會。希賽氏頗重視單方面壓力而稱之曰擠力(Stress)。該氏謂當擠力發生時，當有一個抵抗最弱之方向，物質依此方向輭化，並發生移動。擠力之影響在能由摩擦而使溫度加增及惹起岩石之機械的變形與助岩石中礦物成分及化學成分之變化。畢克氏及葛魯布孟氏謂岩體機械的變形係當岩石極易輭化之際及溶劑不多及溫度低時發生。岩體變形之小者，其附著性不失，其大者岩體破碎而發生片理。

對於化學的及礦物的變化，吾人能以畢克氏之理想（依一定方向由擠力及引力而惹起高溫度及強溶解性）或以沙德利安氏之實驗及阿斯特瓦德氏(Ostwald)之理想爲根據。在是二種議論中均認融點因單方面引力及擠力而減低，又固體之溶解性亦因此而變強，因此反應作用容易實現，然在自然界中尋常祇能當溫度爲同時的增高時而後可。

依據畢克氏之議論，稱結晶之融點係隨單方面擠力及引力而減低。一方面亦謂固體若與液體同受壓力，則融點下降，終則溶解性變強，而依擠力或引力之方向比較依別方向爲大。畢克氏由此乃決定溶解性依各方向之變強亦與片岩之組織有關，是以岩石中在數處發生溶解作用而在他處發生沈澱作用。吾人然仍應記憶畢克氏之對於融點低降及溶解性變強之數量的討論，不能有所決定，且低降及變強之程度恐極有限。對於由擠力及引力而發生之結果既無可靠之張本，故其作用實有先加考慮之必要。依據沙德利安氏之實驗，知畢氏之議論對水固然適當，又如對於氯化鈉及硝酸鈉之混合物亦證明不誤。此種情形對於大理石恐亦近理但對於石英則不過爲一種理想的觀念。

變質作用與地層變位之關係

單方面壓力或引力是否能天然發生爲左右變質作用之新觀念之一重要問題，而爲里克許規律(Rieckesch Satz)所要求解決者。單方面引力祗隅然限在一地方內發生，此點吾人自然承認之。至其作用是否爲一普遍的問題，則尚爲一個疑問，且其發生，有地層變位之必要。在地層變位劇烈之區域變質作用往往極強。單方面壓力對於結晶片岩生成之影響是以不應反認；雖然，山岳之含結晶片岩而不發生變位(卽不受引力作用之影響)者，亦有之。又呈劇烈褶曲現象者之岩層往往亦不呈變質現象。

米爾書氏指出地層變位並非一定爲變質作用必要之條件，蓋在地中岩石侵入愈深，其變化亦愈烈。然岩石向深處之沈降必與地層變位有關。該氏區別變質爲荷重變質(Belastungsmetamorphismus)及變位變質(Dislokationsmetamorphismus)二種：在第一種變質中，壓力當初有限，以後緩緩增加，致惹起與火成岩相似之片麻岩，但其相似係以外觀爲限，蓋在片麻岩中成分之年順全然缺少。至在變位變質中壓力突然發生，然其強度隨時發生變化，而其方向亦不一致。在荷重變質中，凡爲發生巨晶之條件全數存在，故所生之片麻岩係與火成岩相似；反之，變位變質常祗能惹起薄板狀並富雲母之片岩。其影響最適於脆雲母之生成。米氏且謂是二種變質有一種過渡變質聯絡之。無論如何，吾人有區別二種壓力之理由，一種爲作用緩慢之靜壓力，一種爲作用迅速之動壓力。

在發生斷層或擾動劇烈之處皆呈變質現象；是處並見岩石屈服之機會。又據希賽氏之見解，可有單方面壓力（卽擠力）發生。葛魯布孟氏謂在極深之處，上層岩石有使下層岩石屈服之機會，在是處並少單方面壓力但仍有其他壓力作用。單方面壓力能惹起機械的變化，而此變化可由依光滑面之滑動或由壓力作用表示之。又此種壓力具有破碎性，然其能否惹起新鮮礦物或化學反應則爲另一個問題。此項反應除由溶解性之變強及由機械作用而惹起者外，不易證明，然如若有高溫度，則或可有新鮮礦物或化學的變化發生。

壓力無論爲靜的或動的皆具破碎性，並又影響溶解性，而尤以動壓力之影響爲甚。畢克氏及葛魯布孟氏謂在強壓力下溶解性變強，反之在低壓力下溶解性變弱，以致溶解者之一部分復行析出；故如若有不均勻的壓力，其存在則顯而易見，因如畢克氏所言結晶片理係依與最大壓力正交之方向發生。又當變質時顆粒之變遷，據列卜修司氏之解釋，爲溫度變化之結果，然壓力恐亦有相當影響。

壓力一方面惹起新礦物，而一方面使岩石中之礦物發生無數細裂之影響。是種細裂以後能爲新礦物所塡充。葛魯布孟氏謂有石英纖維角閃石、炭酸鹽類鈉長石、綠簾石絹雲母等發生，而在礦物之細裂中到處見有顯微偉晶花崗岩狀集合體。在花崗岩上山壓力除使雲母粉碎及彎曲外，又使長石及石英分裂而爲糖粒狀集合體，並由是往往使長石變爲絹雲母，致發生一種碎屑狀組織（Kataklasgefuge）或膠灰狀構造（Mortelstruktur）。是類岩石概呈過渡而爲片麻岩之傾向。

至火成岩融點之低減，其由壓力促成者，可料其係當岩石在未凝固以前受切線壓力時發生，其時溫度尙高，融點低降之結果爲不使發生普通輝石、橄欖石、鈣長石等，但使發生石榴石、普通角閃石、黝簾石、綠簾石。如若壓力不大而融點不低降，則石榴石等礦物只能變成普通輝石等礦物現出。吾人知火成岩中之石榴石在尋常壓力下熔融時變化而成鈣長石、橄欖石或普通輝石，但在單方面壓力下則火成岩中之鈣長石及橄欖石（或普通輝石）可變化而成石榴石，或普通輝石變化而成角閃石，且由是乃知白粒岩、片麻岩、榴輝角閃片岩等不僅在水成岩層下已凝固者之火成岩蓋層中發生，即在尙未凝固者之岩漿中亦能產出，然若在其他情形下則可有花崗岩、正長岩、輝長岩及輝石岩發生。然此種生成方法是否爲生成方法中之普通者，又是否與該岩之構造及結出順序相符合，則爲一個疑問。在水成岩中溫度之低減並不發生影響，且與該岩之變化無關。壓力與水成岩之關係祇在岩石溶解性變強一點略許重要。

對於結晶片岩之變化，高溫度不無關係，而其影響愈在深處愈強。至深處之高溫度及壓力不易指出異確的張本。吾人由礦物學上及地質學上的觀察，決定深之階級可分爲二級或三級，而在不同階級發生不同礦物。

體積律

片岩分子體積與火成岩分子體積之比，爲討論動力變質時一個最重要的問題。吾人早知火成岩中礦物成分結出之順序係與分子體積有關，但因不知礦物之分子重量，故所得之結果仍無多大價值，且是種極小數目之比較亦未必能得到眞確的結果。

魯文生蘭辛氏稱一方面如若直接計算一化合物之分子體積，一方面又同時計算其氧化物之分子體積，終則比較是二數之大小，則可分化合物爲二羣：在一羣中，其分子體積比較其氧化物之體積爲小，而在第二羣中比較其氧化物之體積爲大。無論如何是種計算無重視之必要，蓋氧化物體積之計算極不易眞確。據畢克氏之觀察，謂屬第一羣者多爲接觸礦物，而屬第二羣者多爲結晶片岩之礦物成分，此誠有應注意之價值。列卜修司氏在其阿提喀(Attica)之地質論中初次提出在高壓下及低温時發生體積較小之礦物。此見解以後視爲一種規律。在高壓下及低温時所發生之礦物，其體積比較在低壓下及高温時所發生者爲小，而此係與凡特荷甫之規律——壓力之增加使發生具較小體積之化合物——相符。如欲明瞭此種規律，先須留意礦物羣之變化。

吾人早知石榴石熔融時分裂而爲鈣長石及橄欖石。如若加單方面壓力，則發生相反之情形。又藍閃石

($Na_2Al_2Si_4O_{12}$) 亦能分裂而爲霞石 ($Na_2Al_2Si_2O_8$) 及石英 ($2SiO_2$)，然爲使變化明顯起見，最好以火成岩全部之成分與其由壓力而發生之變化物相比較。畢克氏爲此曾舉例如下：

含橄欖石、普通輝石、鈣鈉長石（或輝長岩）之輝長岩變化而爲含綠輝石 (Omphazit)、石榴石及石英之榴輝角閃片岩，且因此分子體積自一三六減至一二一。

含鈣鈉長石、普通輝石、榍石等之輝綠岩變化而爲角閃片岩，同時分子體積減小，而由鐠鐵礦發生榍石，又由輝綠岩能變成含鈉長石、普通角閃石、黝簾石、綠泥石及石英之綠片岩 (Grunschiefer)。畢克氏指出許多由火成岩變爲片岩之例。

然各種反應未必皆可從體積變化設想。由下列反應

$$CaCO_3 + SiO_2 \longleftrightarrow CaSiO_3 + CO_2$$

指出在高溫時及在固定壓力下反應之方向向右，而在熔漿中發生❶硅灰石。在高壓下及較低溫度時，反應之方向向左，而由斯拍西亞氏之實驗證明是處壓力之影響似有限。列卜修同氏因同時計算炭酸稱壓力之影響亦不小，其所得之總在左方爲三六・八加二二・五，在右方爲四〇・八加五一・一，據此則硅灰石生成時體積亦增加。

❶ 在一〇五〇以上每產生六方系硅酸鹽，在較低溫度下則發生硅灰石。

在固定壓力下及當温度遞增時，反應之方向每向右，其時發生具較大體積之硅灰石。蓋據凡特荷甫氏之規律，高温度使發生具較大體積之物質。據著者之意在高壓下由硅灰石及炭酸發生炭酸鈣及 SiO_2 而硅灰石之所以不生成者完全因温度不增加之故，蓋若温度不變，硅灰石決難產出也。著者迫寫畢此章後，卽具一種與西拍西亞氏相同之見解，斯拍西亞氏由實驗指出硅灰石雖則在六〇〇氣壓下尚不能從硅酸及炭酸鈣之混合物發生，而卽使有水存在亦然，一方面又由新普倫地道 (Simplontunnel) 之實驗，指出石英及方解石在受高壓之片岩中亦可同處存在。著者由別種觀念點出發亦達到與西拍西亞氏相同之結果。

在石榴石之熔漿中 $Ca_3Al_2Si_3O_{12} \rightleftarrows Ca_2SiO_4 + CaAl_2Si_2O_8$ 在温度遞增時及在固定壓力下，反應之方向向右，其時分子體積增大，如若壓力加增，反應之方向向左，其時分子體積減少。據體積律所要求，凡惹起較大體積之反應，其發生時壓力務須固定，又温度務須加增，又惹起較小分子體積之反應其發生時壓力務須加增而温度務須低降。此問題並非爲在固定温度時壓力變化之問題，若無温度變化，壓力變化單獨不能左右反應，而此論與西拍西亞氏所得之結果一致。壓力變化之影響遠較温度變化之影響爲遜。就大概言，如若温度依算學級數遞增，反應之速度則依幾何級數遞增。

結晶片岩之礦物成分

當比較結晶片岩及火成岩之礦物成分時，知一部分之礦物成分如角閃石、輝石、雲母、長石、石英均見於是二類岩石中，他如白榴石、霞石、藍方石、方曹達石及鱗石英則惟在火成岩中見之，又如絹雲母、綠泥石、黝簾石、綠簾石、透角閃石、陽起石、藍閃石、十字石、紅柱石、滑石、藍晶石除在火成岩中成次生成分外，祇見於片岩中。有數礦物成分雖能在片岩類中及火成岩類中一同存在，然仍有在某一岩類中比較在其他一岩類中爲富之特性，如白雲母及石榴石在片岩類中較富，而鈣長石、橄欖石、普通輝石在火成岩類中較富。結晶片岩類之特性礦物是以爲在低温下穩定而在高温下分解之數種，而火成岩類之特性礦物爲在高温下穩定之數種。許多見於火成岩類中之礦物在片岩類中不能存在，如據畢克氏所言，在片岩類中鐠輝石分解而爲鐠鐵礦或金紅石及普通角閃石；是處壓力及温度頗有重要關係，在某一種情形下發生某一種礦物而在其他一情形下，發生另一種礦物，其故因壓力及温度變化後，礦物之穩定境地亦發生變化。

火成岩類某數種特性礦物之穩定境地，係在有高温及低壓的環境下構成，而片岩類特性礦物之境地係在有高壓及低温的環境下構成。有數礦物在任何壓力下及在任何温度時皆穩定，然其中較詳之情形則不得而知。白榴石之所以不能在片岩中發生之原因，半因其容易變化爲流質溶液，半因其在高壓下及低温時不甚穩定。白榴石或正長石之發生若僅以岩漿之化學成分爲條件（此爲葛魯布孟氏之見解），則非完全合理。在具強熱之熔漿中白榴石容易生成。在常壓下此礦物之結出須有一個某一定高的温度。橄欖石係在高温時及低壓下穩定，溫度低下時，此礦物有變化而爲普通角閃石或如若又有某種溶液變化而爲蛇紋石之傾向；反之普通角閃石在高温時不穩定；此礦物分解而爲普通輝石在特殊情形下分解而爲橄欖石，如若與氟同伴，則分解而爲黑雲母；在高壓下比較普通輝石及橄欖石爲穩定。正長石有一個廣大的穩定境界，而僅在溫度極高時始變不穩定；壓力似反無影響。

硅線石係在極高溫度時始穩定，爾時其生成頗易，凡藍晶石及紅柱石恐皆能變化而爲硅線石。此礦物易在乾式熔漿中生成，又亦成接觸礦物，產出在溫度稍低及壓力稍高時，其同質異像物較爲❶穩定。礦物生成之條件不出濃度溫度及壓力三項。壓力係與溶解性有關，且左右變化點。其重要條件在火成岩中爲礦物結出時限界之廣闊；就溫度限界言，石英及白榴石之限界小，普通輝石之限界大，又白雲母及片岩中之滑石在稍低溫度時穩定，黑雲母在稍高溫度時穩定，然在極高溫度時（一一〇〇度以上）皆不穩定。礦物成分在高壓下被水溶液之侵蝕爲一重要之事項，而有實驗之必要。在片岩類中並不發生而在火成岩類中成標式者之礦物顯然爲在高壓下遇水溶液不穩定之數種；反之，滑石、雲母、綠泥石在溫度稍低之溶液中似穩定，而在溫度稍高之溶液中似不穩定，此點已由弗利推爾氏輩之實驗證明之。是種礦物之發生且無單向壓力之必要，而即在低壓下亦能發生。

❶ 著者嘗參觀匈亞利之皇家博物院時，該院之主任（Herr Hofrat Krenner）示著者以一人造硅線石，其中含有紅寶石。此礦物

係由弗萊密氏（Frémy）偶然在一坩堝之餘邊處發見。Al_2O_3與SiO_2在高溫時相遇，即發生硅線石生成之機會。

結晶片岩及火成岩之礦物成分之生成方法，確有不同之處，蓋在火成岩中其礦物成分係依次結出，而在片岩類中係同時生成，其例外恐只在有種斑狀片麻岩中見之。此外在片岩類中礦物成並行排列而爲單簡面，往往或成劈開面。

畢克氏謂在成片岩之礦物中，分子集合最密，而礦物之劈開面即爲分子最密集之面，劈開面呈最小表面力。對於片岩中常見之橢圓形及扁豆形體，該氏謂係由單向壓力所惹起之重復結晶作用之結果。又片岩中之包裹物亦爲一個大的特性，每一成分能包含其他一礦物，其發生爲礦物同時生成之結果。又有須注意者礦物最密集之情形，係見於受強壓之片岩的礦物中，而並非見於任何片岩之礦物中。

結晶能力強弱之順序，據畢克氏之意，大略如下：榍石、金紅石、鏡鐵礦、電氣石、石榴石、十字石、藍晶石、長石、石英、方解石。凡在片岩中有強結晶能力之礦物，有與在岩漿中同樣之生成，其中結晶能力強弱之順序亦即爲密度之順序（鋼玉石、橄欖石、普通輝石、鏡鐵礦、磁鐵礦、尖晶石等結晶能力較強之礦物係較斜長石、正長石、霞石、石英等結晶能力薄弱之礦物爲重），故就此一點言，片岩類及火成岩類並無差別。

接觸礦物　凡由接觸變質而發生之片岩，以其含有鉅量紅柱石、空晶石、十字石、堇青石及硅線石，係與由接觸變質而發生之片岩不同，然由接觸變質發生者之礦物是否一律與由動力變質發生者之礦物不同則尙爲一個疑問。若就硅灰石言，此礦物爲一種標式接觸礦物，其生成須有一種高溫度故不能由動力變質發生。

片岩之構造及組織

片岩在構造上之特性顯然爲其片理。水成岩之成分常示並行排列，而尤以呈板狀者爲然。此岩迨變化而爲片岩後，其層理則移交而爲片岩所有。至火成岩變化而爲片岩後，據一般信動力變質說者之見解，其中往往仍見有火成岩之構造（卽殘留構造 Reliktstruktur）。片岩類之一特性爲由壓力而發生之並行構造。此構造以成片狀或層狀及帶狀者爲多見，而稱曰壓片理（Druckschieferung）或橫片理（Transversalschieferung），如片岩中之雲母及脆雲母等多構成並行層狀產出。

片岩之構造係其成分同時生成之結果，是以其中礦物之結晶個體，據畢克氏所稱，恆與鄰近個體相接觸，且因互相推擠，多呈圓形狀成扁豆形狀。畢克氏視里克許氏之規律對於結晶片理作用有重要之影響。該氏謂壓力係惹起變質作用之主要原動力，在片岩中分子缺少運動，當其礦物生成時，其中分子必互相競爭而產出。

片理發生之原因

片理爲岩石經壓力作用之主要證據，故須提出討論。吾人早知在屬結晶片岩羣而稱火成片麻岩、白粒岩之岩石中或在由岩漿注入而發生之片岩中，並行構造係屬一種流動現象，又帶狀構造亦發生。

在片理上之實驗爲數却已不少，其中所用之材料爲黏土及其他柔輭物質。索爾畢氏（Sorby）及丁鐸爾氏（John Tyndall）在黏土上使用壓力反得片狀構造。陶勃萊氏先使所用之物質滑動，而後用板加以壓力，結果其若乾燥者粉散，過輭者則延展，但不發生片理。片理實驗之能否成功，係以物質有否具某程度之可塑性爲條件。陶氏後用特勒斯加氏（Tresca）在試驗固體在高壓下之可塑性時所用之儀器，在此種實驗中，黏土中之雲母細片成並行排列，又彎曲片狀構造亦現見。

列卜修司氏謂在雲母片岩中雲母之並行構造係因其廣闊面與層面並行所致。至對於礦物依與層面並行之生長，該氏謂原來水成岩中之原生礦物當初卽呈是種排列。又新生成結晶依層面之排列係由結晶遇弱阻力而解釋之；是種解釋對於原生片理亦適用。

斯勃林氏近來亦用黏土以試驗片岩之構造。由其實驗，決定片理並非純粹爲受壓力作用之結果。各種物質輭化亦各異。凡固結性不同之部分，其排列係與膨脹方向並行。

畢克氏、柏韋夫氏及葛魯布孟氏稱結晶片岩之並行構造係由壓力所致，並謂其中較重要之一種係由單向壓所惹起；此種構造或片理係屬次生，且其發生並非完全由於機械的壓力作用；其他重要原因爲經微量水分之助而發生之溶解作用，物質因是在壓力最強之處溶解而在較弱之處再行沈澱；其中板片槪並行，畢克氏稱之曰結晶片理(Kristallisationsschieferung)。温香克氏則反對是種假定觀念。該氏謂片岩之構造每在岩石變質以前發生，而並非由動力作用所致。雖然在片岩層中其夾有全然無片理之岩石者，却亦不少，而此無論如何不能否認，如榴輝角閃片岩爲一種不呈片理之片岩，而係見於片岩層中。

然片理不由壓力發生之解釋，迄今尙不可能，而即由接觸變質作用亦不能圓滿解釋。如若由假定循環流動之溶液及過熱水之變質作用亦不能明瞭片理之所以然。一方面片狀水成岩層正在壓力作用劇烈之處變爲結晶質岩石之觀念表示此變化係爲造山力所惹起。

深度階級

吾人早知在區域的變質中，岩石在各級深處之變化並非一致，而在淺處發生之變化係與在深處發生者不同。亞讓氏就可塑性而分深度爲種種階級。在其較深的一級中發生不呈碎屑狀之變形，而在近地面的一級中呈碎屑狀變形。塞德爾痾姆氏實爲認定在各級深處發生各種變質之第一人。希賽氏謂單向壓力之作用可就兩個深帶討論；在上帶中有水加入，而在下帶中化合物分解並有水析出。希氏後又分之爲三個帶。在上帶中呈破碎現象並由水及炭酸之增加發生新礦物。在下帶中惹起重復結晶作用，一部分礦物分裂並有水析出而在中帶中凡機械壓力作用及化學作用皆發生；換言之，在上帶中惹起破碎性的變形或碎屑發生作用，在中帶中惹起化學的及機械的變形而在下帶中（即在流動帶 Zone des Gesteinfliessens 中）惹起岩石之完全可塑性並發生重復結晶作用。

畢克氏分深度爲上下二帶，而葛魯布孟氏則分之爲三帶。在上帶中係以低温度及強單向壓力作用爲主；是處機械的岩石變形作用極盛，且因含有重量水分，致發生含水分之礦物（然以分子體積小者爲限），其中以絹雲母、白雲母、綠泥石、滑石、鏡鐵礦、曹長石、普通角閃石、綠簾石、黝簾石爲主；在此帶中又有在各帶中皆得存在之石英、方解石及磁鐵礦。此帶之岩石係以石英絹雲母千枚岩、絹雲母石英岩、灰石千枚岩、鈣長石千枚岩、滑石千枚岩及綠泥石片岩爲代表，故顯然以含片岩爲特性，是處壓力作用不能否認，又化學的變化作用亦應認爲存在。機械的變形作用使顆粒變小並惹起碎礫狀。在此帶中發生薄片狀等組織，而原來的有數構造（殘留構造）亦仍保留。在中帶中結晶片理作用極盛。畢克氏謂是處岩石中礦物成分之並行排列係由於在壓力下之重復結晶作用。

在下帶中存有與塊狀岩相近似之岩石，雖然結晶片理作用與單向壓力之化學作用亦同見於此帶中。在片麻岩中爲特性的脈狀構造亦見於此帶中，此外尚有由岩漿注入而發生之層狀構造。至在片狀、斑岩狀岩石（眼球片麻岩）中各成分之同時的生成，則並非一定實現。

畢克氏及葛魯布孟氏指出下列有數深級中之化學作用。在下帶中，分子結合而成金紅石及磁鐵礦；在中帶中，橄欖石變化而爲普通角閃石（在熔漿中吾人知普通角閃石反能變化而爲橄欖石）。橄欖石與長石變化而爲石榴石，在熔漿中則見相反之情形。榴輝角閃片岩中之石榴石在中帶中變化而爲普通角閃石及長石，有時變化而爲黝簾石及綠簾石。深處之普通輝石變化而爲普通角閃石，終則變化而爲綠泥石；在熔漿中普通輝石反變化而爲普通輝石。在上帶中由曹長石或鉀長石變化而爲絹雲母。

各帶片岩之礦物成分如若與火成岩之礦物成分相比較，則爲一種有興趣之舉。吾人知在火成岩類及片岩類中有幾個共同之礦物；若就下帶中之礦物成分言，其中許多礦物在熔漿中不但能存在，且極穩定者，如橄欖石、斜方輝石、硅線石、鈣長石、磁鐵礦、黑雲母等皆是。他如鍇石、透輝石、堇青石、曹長石、鈉輝石、鍇鐵礦、正長石亦在火成岩漿中結出，然比較不穩定。至在火成岩類中缺少而在下帶中存在之礦物，如方解石、硬玉、金紅石祇成一極小部分，在是帶中火成岩類及片岩類之礦物成分幾乎全然相同，兩者間最大之差別在因火成岩類中含有如藍方石、方鈉石、霞石、白榴石、鱗石英等數礦物，而在片岩中則無是種礦物。在中帶中發生在火成岩類中所未見之成分如黝簾石、綠簾石、十字石、藍晶石、硬綠泥石、絹雲母、滑石、軟玉、藍閃石等。在上帶中凡在下帶中及在火成岩類中之特性礦物如橄欖石、輝石、硅線石、鍇鐵礦、鈣長石等皆未之見。

在下帶中溫度最關重要，是以凡屬火成岩類之礦物及接觸礦物皆得存在。在上帶中生成之礦物在高溫度爲不穩定，然在水溶液中及在低溫度時極爲穩定；此帶之礦物如石英、滑石、雲母及其同類礦物等皆是。在中帶中無可注意之點，有之多半已消失，且不明瞭。著者覺各帶間之差別係礦物之穩定程度在不同溫度時及壓力下不同所致。

至對於岩石在各帶中之變化，葛魯布孟氏說明之如次：其中礦物份子之仍能保持原來物質之形狀而仍在原處存在者，僅在低壓下可能，否則槪發生寄生變化；在原來岩石中，於是新生別種份子：正長石變化而爲絹雲母，斜長石變化而爲緻密黝簾石（Saussurit），石榴石變化而爲長石，透輝石變化而爲石榴石。變化後之礦物其形狀往往並非爲礦物未變以前之所有者，但常因經劇烈重復結晶作用而起變化。礦物之顆粒因是而變粗大。

畢克氏及葛魯布孟氏由詳細之研究，對於有數火成岩之變化，得一種較近實際的結果，但較爲重要者爲向深處沈降之黏土的變化。由觀察是種變化，知對於岩石之變化，即主純粹動力變質說者亦有假定一種稍高溫度之必要，且末後仍歸納於彼愛氏及列卜修司氏之假說。當初由單向壓力作用使黏土變化而爲千枚岩，以後因有絹雲母變成，致發生絹雲母千枚岩。此岩追達中帶後發生數種新礦物，如絹雲母變化而爲白雲母，綠泥石變化而爲黑雲母，終則變化而爲雲母片岩。此片岩如若再行沈降而達最深之一帶中，則因有正長石發生及黑雲母分量增加，變化而爲片麻岩。

動力變質一般應用之困難

對於動力變質一說考察家中多有指摘之者，如温香克氏、逢納氏、克累德涅氏、第納氏、米希爾萊韋氏、德米埃氏、希蓋爾氏、斯拍西亞氏等皆指摘此說，若輩指摘之理由因全晶質沈澱物往往不呈褶皺及變位之外觀，平時並非爲反對變質說者之列卜修司氏在阿提喀察見動力變質並非與地層變位直接有關，而此情形且爲羅里氏 (Ch. Lorg) 在羅撒山 (Monte Rosa) 所證實。又在別處地方由頁岩、砂岩、硬砂岩、石灰岩所成之志留紀及泥盆紀岩層並未感受變質作用。逢納氏則與瑞士地質學者相反對，而言西阿爾伯斯之三疊紀及侏羅紀片岩在受壓力最强之處祗微經變化。在下部陶恩全晶質片岩並不呈擾動現象。

一方面希蓋爾氏亦指出許多太古系區域完全無被擾動之形跡；反之，志留紀及泥盆紀岩層，雖經劇烈褶皺作用、斷層作用及横片理作用，其頁岩及砂岩之癖性並不失却。又角閃片岩及綠泥片岩之產出並非表示火成岩經動力變質之結果。克累德涅氏視由花崗岩而變絹雲母片岩之變化爲可能，而視片麻岩之變化爲不可能；該氏頗注意於此點，然此至爲有理。又磁鐵尖晶石片麻岩與花崗片麻岩同地的產出（二者之礦物成分完全相同）及片麻岩之成層，適與由花崗岩變成之見解相反對。此外且有位在不變質水成岩之上者之結晶片岩，然此並非爲一個重要的理由。

德米埃氏一方面從調查西阿爾伯斯之地質入手，一方面根據羅里、薩卡克那 (Zaccagna) 柏特蘭 (Marcel Bertrand)、弗蘭啓之調查指明三疊紀岩層及元古代或太古代岩層皆能感受變質作用，然此作用係在褶皺作用及斷層作用發生以前告終，並謂地層變位並非爲變質作用之原因。德氏且不信接觸變質作用能惹起大影響，並謂岩石之變質有岩石沈降在深處之必要，且物質亦須輸入，因凡水成岩層無一能含有足量之鹼質及氧化鎂；物質係由上昇之溶液輸入。

德氏所稱之 Colonnes filtrantes 係從一大傾斜層中央區之深處崛起而發生。此物證明花崗岩並非爲其周圍岩石變成結晶片岩之原因，並示發生片岩之原因亦即爲同時使花崗岩生成者。德氏認結晶片岩之發生有物質加入之必要。賴尼許氏 (Beinisch) 亦斷定有物質輸入之情形，蓋在羅述資 (Lausitz) 黑雲母花崗岩及受壓榨之輝綠岩之分析皆呈化學成分上的變化，而在受壓榨之輝綠岩中 SiO_2 及 CO_2 減少而 Al_2O_3, Fe_2O_3, FeO, MgO 增加。德氏謂區域變質係在大傾斜中或在深處發生。

斯拍西亞氏由分析入手亦反對動力變質，而尤其反對里克氏規律及壓力助長溶解性。據斯氏之見解無論靜的或動的壓力皆不惹起化學反應，有之亦只能影響含水化合物變無水化合物之變化溫度。溫香克氏亦發表一種反對動力變質之言論，並謂山之濕度之影響因在深處水分減少並不重要。又否認地層變位係與片岩結晶性之發生有關；溫氏以爲許多岩石之褶皺現象往往係在岩石重復結晶以前發生。一方面且反對水成岩及火成岩之變化祇能由壓力發生，並以灰石片岩與花崗岩體直接相接觸之產出為反對動力變質說一種強有力之證據；又謂石英並不由壓力而變形。

結晶片岩由接觸變質之生成

許多地質學家認定結晶片岩大部分或全部分係由接觸變質生成。在本書第十一章中亦論及頁岩及砂岩如何經接觸變質作用而變成結晶片岩。純粹接觸變質作用然仍不敷解釋碎片構造及結晶片理，故須假定又有壓力的影響。其他困難之處在接觸變質之作用係限於數籽內之區域，若謂大山之變質亦能由此作用發生，則頗有為難之處，因如是須承認凡有大塊片岩之處即為有大花崗岩體藏在之地，然此頗難望成為事實。又凡由接觸變質而發生者之產物其構造及礦物成分常與片狀岩石發生差別，然此點未始不許忽略。

火成岩及水成岩（凝成岩亦包括在內）之經接觸變質作用之變化誠為一種可能之事，而祇就大山系之變質言，其範圍尚有可疑問之處。溫香克氏謂在阿爾伯斯區域凡與片岩層相接觸之花崗岩質岩石曾使片岩在壓力下發生變化。是處造山作用之影響頗大，蓋地中廣大岩石區域經造山褶皺作用擾動以後，接觸作用易伸達廣大區域。溫氏謂造山作用之勢力為使岩石破碎，並擠起地中深處之岩漿，於是種碎裂岩層中，改變其凝固時全部物理的環境及現象。是種作用謂之壓結晶作用。動力變質作用以後自然能使是種岩石更進一度之變質。温氏謂單獨由動力變質作用不能惹起結晶片岩，且以為許多歸入在結晶片岩類中之岩石不應視為變質岩。據該氏之意，岩石之破裂係與山塊之扇形構造及片岩之膨脹有關，又礦化物之上昇亦與此種破裂具有關係。賽羅孟氏及度怕克氏分別稱阿達姆羅區域（Adamellogebiel）及白山區域之接觸變質係與造山壓力有關。革利書氏（G. Gurich）言同化說亦能用資解釋結晶片岩之生成，且謂片麻岩不能由花崗岩單受壓力變成。

接觸變質與動力變質之比較

許多在是處討論之假說究竟不知何一種最近事實？是種假說除無多大可能性者之數說外，可分為下列數種：一、接觸變質說。二、動力變質說，其中除壓力作用外，且有高温度之必要。三、花崗岩質岩漿在水成岩中之注入說。四、數種片麻花崗岩之純粹火成的生成說。在此諸說中，後者二種全屬地方性質，其中主要者惟接觸變質說或動力變質說二種。

此二說之根據在上文中已儘量敍述之矣。在兩者間是否存有一個相反對之處，却為一個疑問。著者信是二種變質皆互相為助；吾人實不明瞭何故片岩亦能不由接觸作用發生（尤以與壓力作用合作時為最），而一方面片麻岩何故亦能經壓力變質作用而發生；此外且有直接生成者之火成片麻岩及由花崗岩之注入而發生者之片岩。準此以觀，著者信結晶片岩之生成恐非出於單獨一種方法。若就動力變質說言，此說雖不少弱點，然若無動壓力的（一部分又靜壓力）合作，則片岩之構造不易解釋；接觸變質若不經動力變質之合作，則不能解釋，故每須認有動力影響存在之必要。接觸礦物之穩定境界，應與下帶礦物之穩定境界相同。在上帶中岩塊间中帶之沈降惹起動力作用及溶解性經壓力作用之變強，然此二者當火成岩漿上昇或侵入水成岩中時亦實現，故當火成岩漿上昇時亦發生如上帶岩塊向中帶中沈降時之情形。

無論在任何一變化中，凡應注意者有下列數項壓力（當然為一種間接的原因）、水（無論其為液體或氣體）及礦化物；水在是處係當作最強礦化物目之（此外恐又有氯及氟，而後者為成雲母之一要素）。此外稍高之溫度亦為下帶層中接觸變質或動力變質之要素。至單向壓力之作用概惹起破碎現象及機械的變形，而此卽信奉純粹接觸變質說者亦不能否認。對於化學成分的變化能否單獨在壓力下與水合作而發生之問題，意見往往不能一致。在上帶中此頗難假定，在下帶中高溫度之影響既極大，則化學成分的變化一部分可由此解釋之。無論如何，物質之輸入不易由動力變質作用解釋，是種情形然仍能偶然單獨在一處地方發生。在下帶中無所謂接觸變質作用及動力變質作用，因在是處發生變質之要素皆相同也。

塞德爾菏姆氏指出當普萊巴尼之花崗岩變化時，結出如由花崗岩漿結晶出者之礦物，雖其圖面表示礦物並不經過自由的流動，但生成在別種礦物之間，是處定必有深處變質作用發生，然並無如羅孫氏(Lawson)所稱之重復熔融作用。米希爾萊韋氏稱花崗岩漿之注入爲太古岩系生成之主因，並謂岩石之變化往往不易決定其是否由於地方的變質或由於接觸的變質或動力的變質。棄尼氏指出由動力變質發生之德意志水成片麻岩呈與角質岩構造（接觸變質片岩之特性構造）相近之構造，但有時則不同。由是以觀，凡發生接觸變質之條件係與發生動力變質之條件相近似，故爲發生接觸變質起見，不但須有高温度，且須有壓力而以前者爲較重要。在動力變質中，壓力較爲重要。吾人在是處所以亦見是二個相反對學說之接近點。

變質之一主要原因實爲山塊向地下深處的陷落。是等山塊如若與地中火熱深成岩相遇，則除感受動壓力之影響外，且遇一種惹起接觸變質之環境。德米埃氏之見解並不與此情形立於無條件的反對地位，因德氏亦認定岩塊向較深處之陷落及礦化物之上昇而入大向斜中。達爾謀氏亦以岩塊向深處之陷落爲岩石變質之一個重要原因。著者就物理的及化學的環境立言，頗以是輩之見解至少一部分相符合。在討論岩石之變質時，首先比較礦物之穩定境界。

在温香克氏之壓接觸變質與畢克氏之上帶作用之間，並無關於物理狀況之重要的差別，而此已由温氏之實驗指出之。至在下帶之作用係全然與尋常接觸變質作用相同，蓋在下帶中惹起新礦物之條件亦爲高溫度，水蒸氣（或即在溫界點以次之 H_2O）間又為其他礦化物，在是處壓力之作用與高溫度之作用無甚差別，而是處之環境係與惹起接觸變質者之環境相同。在上帶中係以壓力作用為主，在是處發生膠泥構造（Mortelstruktur）及碎屑構造，並產生在常溫時對於溶液極穩定之礦物如白雲母、綠泥石、滑石及絹雲母，故在是處發生一種無高溫度之水化變質作用；壓力（單向壓）助長溶解性及晶化片理作用。此帶為動力變質之區動。在中帶中，壓力之作用有限，而稍高溫度之作用則顯明；壓力之作用未必如許多主動力變質說者所言之普遍，然其中帶中之影響仍不應否認。水成岩層（此種岩層在上層中經循環水之作用已感受變化）向深處之陷落，使其一再變化，蓋深處之高溫度使其變化能力變強，致發生與深成岩生成時同樣之情形，一方面仍不必熔融。如若同時又經造山力及單向壓力之作用，致熔解性變強，則其變化（變質）更形劇烈。凡屬太古時代之水成岩就其礦物成分言之，多與雲母片岩及硬砂岩相接近，且往往祇經重復結晶作用，而並無新化合物生成。就動力變質而解釋片麻岩由花崗之生成，恐不無難處。就吾人所知，許多片麻岩係屬火成，而其並行構造係一種流動現象；其他為雲母片岩而有花崗岩質物注入於其中，然在單向壓力下之結晶作用常亦存在，因此片麻岩之生成，恐間或亦能由深處熔融點之低降解釋之（深處的變質）。一部分片麻岩亦能由動力變質發生，而尤以絹雲母片麻岩及在中帶或上帶發生之片麻岩為然。

對於片岩之生成，吾人現下尚難望下一種普通並隨處適用之解釋。片岩生成之原因分為種種，皆互相合作，如由列卜修司氏所指出，其一部分爲：高温度、在上層之循環溶液、水蒸氣、在下層之礦化物及壓力作用（一部分爲靜水壓力而一部分爲動水壓力，皆使溶解性變強。）壓力之能力不但在理想上卽在實際上亦有確定之必要，故對於壓力之實驗誠不可省。此外礦物之穩定境界更有以實驗決定之必要。吾人如若回憶是種複雜問題，則覺每一解釋無不有其可反對之處，而片岩生成之問題似未能各方面皆一一解決，雖晚近由研究（尤其由決定地下增温階級、體積規律、溶液性經壓力之變強等）已獲遠大的進步。

第十三章　水成岩類

水成岩一部分爲單性岩如岩鹽、石膏、硬石膏、石灰岩、白雲岩、黏土等，一部分爲碎屑岩如角礫岩、礫岩等。其生成方法或爲機械的堆積作用或爲化學的沈澱作用。水成岩之由化學的沈澱作用而發生者並包括經生物之合作而發生之數種。機械的堆積物普通爲岩石經風化作用後之殘留，其堆積（如砂岩、礫岩等之堆積或生成）且亦在吾人之眼前實現。

就生成言，吾人能區別水成岩爲成溶液之沈澱者（例如石膏）與成岩石風化後之殘留者（例如砂岩）兩種。屬第一種者爲化學的水成岩，屬第二羣者爲機械的水成岩；後者爲岩石經風化作用後之殘留，其生成係出於水、風而在冰積層中又出於冰河之合作；此外更有第三種生成作用，卽所謂有機的生成作用是。水成岩類之生成方法若與火成岩類及片岩類之複雜的生成方法相比較，則由前者所惹起之興趣，不能如由後者所惹起之大。水成岩類且因分布較狹，其重要不及水成岩類或片岩類。就其生成上觀之，關於水成岩類應解決之問題然亦不少。

機械的堆積係爲大氣中氣體之化學作用、風化作用或破碎作用之結果，而溫度及氣候之變遷皆於是種作用之進行有利，如由日光感化（Insolation）岩石成片而碎下。又沙漠中之鹽、多水區域之急雨、高山上之山崩、雪崩及温度劇烈變化皆與風化及機械破碎作用有關。冰凍使岩石碎裂。化學的風化作用視岩石及溶解水之化學成分而分強弱，如海水比較尋常水遠強。岩石經風化作用以後更經水、風、冰之洗刷作用，窩爾忒氏（J. Walther）稱之曰移蝕（Ablation）。此作用與水圈及生物圈之地理的分布不無關係。經溪流、河流、海、風、冰河、冰山等所搬運之物質以後能被搬至遠處堆積，其故因溪流等之搬運能力逐漸變弱，迨至無力搬運時，物質悉行堆積。河流對於所搬運之岩屑有使其消磨而變小之作用，又海浪之作用亦同，海水中所含之鹽分應視爲惹起岩石分解之媒介物。

水成岩概呈層理，其中不呈層理者，祇有由冰所搬集之陸成泥質物及礫岩。

所謂碎屑岩（klastische Gesteine）者係由機械的堆積物構成。在堆積物中，岩石原來一部分之成分因經化學作用已消失無存。風或水司搬運之職。在水中凡不能溶解之部分沈在水底，而如杜拉氏（Thoulet）所言，凡質量愈大者其沈也亦愈速。巴德蘭得氏（Bodlander）稱高嶺土沈積之分量係與其體積單位成正比例。凡搬運力停止之處，卽爲機械堆積作用發生之地。時期較舊之堆積物經上層之壓力而致固結，所謂長石砂岩（Arkose）者，常由花崗岩及片麻岩之碎屑經上層之壓力而發生。

在河岸或海岸堆積之碎屑係較離海岸之深處堆積者爲大。碎塊岩石有時經冰山而搬至海中，此情形且與海面之等溫線有關。

除由機械方法及化學方法而發生之水成岩外，尚有由生物作用或至少由生物之合作而發生者之水成岩，稱曰生物岩。生物岩有由經植物之合作而發生者（如灰石凝灰岩）與由經動物之合作而發生者（如許多石灰岩）之別。生物質沈積之地且不必卽爲其生成之處，但往往由遠處搬來。窩爾忒氏曾經指出能析出炭酸鈣或硅酸者之植物或動物，如放射蟲析出硅酸，又細菌析出硫礦及鐵質，椎脊動物析出磷酸鹽。至尤其重要者爲石灰岩之生成。

石灰岩

石灰岩之由淡水泉水或湖水之沈澱而發生者，祇爲一小部分，是謂淡水石灰岩(Susswasserkalke)。其大部分爲海成石灰岩、此種石灰岩之生成非如當初所意料者之簡單。海水中之炭酸鈣以其爲量有限，且因海水之蒸發並不迅速，故不能由蒸發而析出，其生成概經生物之合作，其非經生物之合作而發生者則不常見。吾人知珊瑚、介殼類等動物（是種動物皆帶炭酸鈣介殼）皆予石灰岩以生成之機會，其生成故爲生物的。然動物如何能析出炭酸灰石？據俾得曼氏（W. Biedermann）之研究，介殼之構造係呈結晶質而其所以呈結晶質構造之故並非由於動物之生活作用，但有一個無機的由來。

莫兒氏(Mohr)及比沙普氏之對於石灰岩生成之舊解釋現今已不適用。莫兒氏謂炭酸鈣之析出係根據植物之活動，因植物使硫酸鈣經一度之複雜手續變成炭酸鈣析出。比沙普氏倡一種較單簡的假說，而稱生物直接從海水提出炭酸鈣，然此見解並不確當。福爾開施氏(Volgers)之見解自然比較容易想像。福氏附凱壽氏之議，稱動物吸收食鹽，此鹽經動物之炭酸作用變化而爲炭酸鈉，此物質實爲以後成石灰岩之一極重要之角色。當由海水析出鈣鹽類時除析出炭酸鈉外，又析出炭酸錏。此二者爲生物所產，然究竟如何產出，則未能決定，雖斯泰孟氏(Steinmann)及鮑孟氏(Baumann)之新工作尤其林克氏(Linck)之工作對於此問題爲多般的說明。

斯泰孟氏曾驗知蛋白質有從鈣鹽溶液析出炭酸鈣之特性，其作用然並非直接，據著者之實驗，證明蛋白質在新鮮狀態時未能使炭酸鈣析出。蛋白質必須先行分解，而如鮑孟氏所示，惹起分解者爲一二種酵母，其作用爲從蛋白質發生炭酸錏。又炭酸鈉亦能由生物之蛋白質發生，而與炭酸鈉一同能促成炭酸鈣之沈澱；炭酸鈉恐較炭酸錏尤爲重要，蓋在海水中經炭酸錏之作用而沈澱之錏鹽爲量誠有限。

然海中之炭酸鈉亦能由河流搬入而直接充作沈澱劑之用，如無機石灰岩之生成(例如鮞狀石灰岩)即出於此項炭酸鈉之作用。

林克氏晚近由實驗解決由海水析出之炭酸鈣爲方解石抑爲霰石之問題。在其實驗中，該氏應用麥滿氏（Meigen）之反應，證實經炭酸錳及炭酸鈉由海水析出之炭酸鈣爲一種霰石。純粹硫酸鈣溶液經炭酸錳及炭酸鈉之作用發生方解石。海水溶解炭酸鈣之最大能力，據林克氏之計算，在一七至一八度時每一〇〇〇立方糎海水能溶解〇·〇一九一克。林氏不信任斯泰孟氏全部之解釋，然亦承認炭酸鈣之產出一部分係出於生物之活動；其中用充沈澱劑者爲炭酸鈉及炭酸錳，前者係由蛋白質發生，後者爲動物質之腐敗物；如是析出之炭酸鈣係爲霰石。其他石灰岩代表生物之不爲腐敗的殘留。石灰岩之生物的生成作用常與其非生物的生成作用混合發生。小果形石（Cocolith）係出於生物的生成作用，鲕石係出於非生物的生成作用。海成石灰岩爲經重復結晶作用之霰石。林克氏終則達到如下列之結果：凡由海水析出之炭酸鈣在氣候最溫和之區域中每成方解石，但在熱帶區域中依時季成霰石而產出。凡由海水中之硫酸鈣與炭酸鈉或炭酸錳作用而發生之炭酸鈣無論在何區域（指氣候言）皆成霰石。凡由含重炭酸曹達之溶液析出之炭酸鈣在氣候最溫和之區域中成方解石，而在熱帶中概成霰石。又凡不含其他鹽類之硫酸鈣溶液若與炭酸鈉或炭酸錳相作用，成方解石而沈澱，而此在冷溶液及在稍熱之溶液中（在四〇度左右）皆一律。海水助長炭酸鈣及硫酸鹽類之溶解性。

石灰岩之大部分然並非由直接沈澱而發生（否則定必多爲霰石），但爲經變化者之碎屑岩。索爾培氏即首抱此見解。排魯埃氏以後證實之。據此見解，稱石灰岩之大部分爲破碎化石之殘留，係由有生物原之灰質砂聚合而成，並以是解釋其中所含之礦物包裹物及硅酸、黏土等。一方面若以林克氏之見解爲有理（據此見解稱炭酸鈣之大部分成霰石而產出），則霰石必已經過一種重復結晶作用。一部分之石灰岩想必有此種情形，蓋許多石灰岩已不再保留其原來之特性，但呈結晶質細粒狀外觀。重復結晶作用能由炭酸促成，而炭酸係出於生物的殘留。對於有數產出，是種解釋不無正當理由。石灰岩層經上昇而成陸地後，亦能經炭酸水之作用而重復結晶。石灰岩重復結晶之可能，得由在石灰岩洞中結出之方解石證明之。

對於鮞狀石灰岩生成之見解，當初頗不一致，有以岩石爲出於碎屑物者，有以此爲生物成並認其爲被石灰華之礦物或岩石碎塊者，有以此爲從溫泉產出者，又有視其爲變質物者。林克氏則決定其有一種無機的生成，並認其成霰石從海水析出。鮞狀石灰岩後來即變成方解石。石灰岩亦有從直接發生之方解石構成者，例如沙霍芬納灰石板岩(Solnhofener Kalkschiefer)是。此板岩呈細緻體質，而由其所含之化石，知其爲在半鹹水中生成。方解石之由直接沈澱而發生者，尋常祇見於海水與河水之會合處。

大理石之生成　呈細粒狀至粗粒狀之灰石即所謂大理石者，概由細緻灰石經接觸變質作用或經動力變質作用發生。其經動力變質而發生者，其變質時之情形概與片岩變質時之情形相同，惟其在高溫時及高壓下之較強可塑性，爲其最可注意之點。在許多情形中，大理石結晶性發生之原因頗難決定。其與片麻岩之接觸處如見有接觸礦物者，表示此大理石爲接觸變質作用之結果。石灰岩中其分布較狹者，爲淡水石灰岩。此岩概有植物的由來其生成係與硅藻及苔蘚之活動有關，然據科因氏(F. Cohn)所稱，植物之活動祇與石灰華（爲一淡水石灰岩往往成厚層產出）之生成有關。

在泉中亦能發生炭酸鈣之沈澱，卽據懷爾德氏之見解，泉水之迸湧對於炭酸鈣之沈澱有重要關係，其故因水中之炭酸經此一翻擾動後，其一部分散失，致炭酸鈣不復能在水中存在。科因氏且謂顫藻由其生活作用能從水吸取炭酸，致嚴石之沈澱加速，然炭酸鈣之沈澱未必皆由於生物的活動。

白雲岩之生成

白雲岩之生成亦能與石灰岩一同以造礁珊瑚的活動解釋之，蓋白雲岩在珊瑚礁中頗爲習見，如在南提羅爾 (Südtirol) 之三疊紀厚層珊瑚礁中。是是種白雲岩礁之大部分每由輭弱白雲岩質灰石與薄層白雲石交換成層而成。成礁之珊瑚祇含有低量之氧化鎂，然礁上之石藻 (Lithothamnien) 如和格巴姆氏 (Hogbom) 所稱，係富於炭酸鎂。該氏曾研究各種海棲動物之氧化鎂的含量並稱概極微細；反之在石藻中炭酸鎂之含量特富（百分之一一或竟百分之一三·一九）。是種石藻爲造成白雲岩礁之重要角色。該氏稱在有幾富氧化鎂之礁石中，炭酸鎂能儲積至百分之三八。石藻成羣見於珊瑚礁之外部，然灰石質生物之碎屑物，則更爲富裕。眞正白雲岩礁石比較珊瑚本體多含氧化鎂，其生成據和格巴姆氏之見解，謂因珊瑚藻中之炭酸鈣溶解以去，致留下炭酸鎂。此見解然與維斯得堡氏（A. Vesterberg）新近研究之結果，並非完全一致，蓋維氏證明在其所研究之石藻中，炭酸鎂容易溶解，並謂當用含氯化鎂之炭酸水冲洗時，炭酸鈣與炭酸鎂皆不經變化而入溶液中。維氏並謂珊瑚藻有分泌炭酸鎂之特性。

動物中其含炭酸鎂較富者，如懷爾德氏所言，有 Orbitolites Complantat（屬一輪螺科含炭酸鎂百分之一二·五二）及 Nubecularia novorossica（屬小粟科，含炭酸鎂百分之二六）。珊瑚雖含有更大百分率之炭酸鎂，然珊瑚石灰岩中之重量炭酸鎂不能卽以此解釋之。懷氏在一種產在賽奈半島（Sinai-Halbinsel）之珊瑚石灰岩中，發見百分中四〇之炭酸鎂，並見磚礫之介殼，後者幾乎全部爲白雲石所成，然磚礫當生活時其介殼既然祇含低量之炭酸鎂，則其曾經一度之變化自必無疑。吾人由綜合上述之情形，斷定白雲岩爲由變化而發生，然此變化在巨大山塊中不易實現；又白雲岩之成化學的沈澱而直接產出者，自然不在完全例外之列。此外在泉中白雲石及白雲石質灰石亦時有發見（如在聖阿利爾 St. Alyre），然爲一例外。

爲解釋白雲岩之生成起見，遂有許多假說，其強半根據石灰岩經鎂鹽之反應能發生白雲岩之觀念。是種生成方法之可能性已由馬利克乃克氏（Marignac）及麻駱氏（Morlot）之實驗證明之。馬氏用氯化鎂而麻氏用硫酸鎂，然爲惹起變化起見，同時用稍高之壓度（至二〇〇度）。如使炭酸鎂與灰石相作用，則所得之結果未必如用前二物之可靠。霍普水勒氏（Hoppe Seyler）亦曾經達到此變化之目的，但須用至少百度之高溫溫度愈高則白雲岩之變成亦較多。世人有謂高溫度爲達到反應目的之條件並以缺少高溫度爲反對變化之理由。據著者之見解此種反對並非完全有理，蓋吾人早知時間能代替高溫度，而是種變化（在實驗室中祇在高溫下而實現）能在低溫下經數百年之久實現。一方面地質上的觀念仍反對是種變化方法之一般的可能，如對於厚層白雲岩之生成是。至惹起變化之物質亦係存在海水中如氧化鎂鹽是。吾人又察見介殼動物之介殼若與海水爲長時期之接觸卽變爲白雲岩質。

然當白雲岩發生時，海水中之氧化鎂恐較今日爲多，而此或可由在小灣中（此種小灣恐非與大海一竟聯絡）及一部分已乾涸者之礁湖中氧化鎂特別豐富一點揣想及之。白雲岩間有與火山噴出物同地現出者，如見於南提羅爾者是。在灣中及礁湖中，察見鉅量氯化物，觀此則氯化鎂在灣中局部的增富，似屬可能。將經變化之石灰岩中如若含有氧化鎂者，則此岩石更易變化爲白雲岩。多爾德氏、霍納施氏（Hoernes）麻西沙活氏（Mojsisovics）謂在石灰岩中可含有鉅量氧化鎂，而據後來之研究更覺其爲如是；然在石灰岩中卽使含有鉅量氧化鎂，此岩亦必須經過一度之變化而後始能變成白雲岩，否則後者之生成不能圓滿解釋。多爾德氏及霍納施氏歸此變化之主要原因於海水，並謂炭酸鎂局部的輸入祇爲其次要原因。至此項變化如何發生可由下列兩個有實驗爲證之解釋明之，其中第二個解釋以頗的確。

普法夫氏先製出一種含硫磺之炭酸鈣溶液及一種含硫磺之炭酸鎂溶液。在是二溶液之等量混合溶液中，當食鹽緩緩加入之際（使溶解性增強），同時加入炭酸，終則使全部緩緩蒸發。首先析出者爲食鹽，次爲是二種炭酸鹽之混合物，而迨溶液濃厚時，始有白雲石析出。然海水對於鈣鹽類之性質亦須注意；在含有鎂鹽、石膏溶液及食鹽時，鈣及炭酸鈣使炭酸鈣及炭酸鎂之一部分沈澱。普氏料想白雲岩發生之步驟如下：在珊瑚孳中由生物之腐敗發生 H_2S，而由炭酸鈣之溶解，發生含硫磺之炭酸鹽；炭酸鈣使海水中氧化鎂之一部分成基性炭酸氧化鎂沈澱後者再與 H_2S 發生含硫磺之炭酸鎂。迨珊瑚礁乾燥以後，由海水中食鹽之作用，乃發生白雲岩。食鹽先變爲炭酸鈉；後者有如沈澱劑之作用。至炭酸係由生物質之分解及炭酸鈣及其他鈣鹽之分解解釋之；其發生不因礁乾燥而停止。在爲沙洲與大海相隔之海灣中，由生物質（未必一定是珊瑚）之腐敗亦發生同樣情形，而與岩鹽屬同地產出之白雲岩恐即依是方法生成。海水之濃度亦能經潮水之進退而發生，潮水退後，珊瑚礁露出水面而變乾燥，一方面池湖亦發生，其中海水因具高濃度能惹起變化。格拉孟氏(Klement)學說之應用則較大。據此說亦認定強半眞正白雲岩之生成爲一種屬珊瑚礁之問題，並稱在飽含食鹽之溶液中（故卽爲具強濃度之海水），硫酸鎂卽爲使炭酸鈣變爲炭酸鎂之重要角色。格氏在其實驗此項變化之工作中，用六〇度高或以上之溫度，然在自然界中恐未必須有如此高之溫度，蓋在自然界中白雲岩生成時間之長當遠過於實驗室中實驗之時間。

格氏首先假定凡由變化而成之炭酸鈣並非方解石，但爲霰石，以後由林克氏之實驗證明此假定有成事實之可能，蓋就吾人所知，當石灰岩（鰢狀石灰岩）沈澱時其大部分實爲霰石，霰石之變爲炭酸鎂之可能性係較方解石爲強，在九一度時變化最強，發生百分中四二之炭酸鎂。

菱苦土礦　有種菱苦土礦之一部分爲橄欖石之風化物，然無岩石之特性。其他菱苦土礦往往成扁豆狀體、岩瘤狀體或成層而與滑石片岩同伴。其外觀與菱鐵礦岩（Spateisensteine）相似。此礦物或因與花崗岩接觸而發生，或爲由圍岩析出之物質，或爲由火山作用而發生之苦土溫泉中之產出物，是皆極不容易決定。

硅華　硅華（Rieselsinter）並非爲純粹化學的沈澱，蓋其生成與生物之合作亦有關係。維脫氏（Weed）謂環積在美國黃石園噴泉中之硅華係經硅藻及苔蘚之合作從噴泉水析出。噴泉水缺乏硅酸，而若無生物之合作，尋常不能直接析出是種物質。至非經生物之合作而直接沈澱出者之硅酸並非如前項之純粹鰢狀硅華（Rieselsoolith）係沸泉中之產物。

硅質頁岩　此岩或爲機械的沈澱，或爲經硅酸浸染而發生之次生頁岩。硅酸係因頁岩與火成岩接觸而發生，或係出於生物，因如硅藻及放射蟲皆能分泌硅酸；前者構成硅藻土，後者成放射蟲頁岩。斯泰孟氏謂放射蟲頁岩爲一種重要深海生成物。

勒挪氏稱比利時之硅質頁岩係由石灰岩硅化而發生。他如奥施孟氏(Hausmann)曾見硅質頁岩成硅質泉中之沈澱而產出，此外又有經硅酸硬化者之黏板岩，其頁岩構造仍保存無失。又有燧石者，其一種爲屬生物的由來，而其他一種爲富硅酸之普通結核，此外更有填充於岩穴中者之燧石。

砂岩　砂岩 (Sandstein) 概由含石英之岩石經風化而發生，且經水之作用而呈層理；雖然其由飛砂膠結成者亦屢見不鮮。花崗岩、石英斑岩、片麻岩及雲母片岩皆爲成砂岩之岩石。砂岩中除有石英外，且有黏土質或灰石質膠結物。黏土質物係由長石分解而發生，或經循流溶液從別處搬來。在砂岩中亦能發生雲母，其生成方法恐與砂岩變爲石英岩時相同。石英岩爲經重復結晶作用之砂岩，其進一步即爲結晶砂岩 (Kristallsandstein)，其中膠結物似成砂粒之外廓。多爾婆姆氏曾在一砂岩中察見砂岩之碎屑狀態石英岩偶然亦能由石灰岩及白雲岩變成。

黏土　黏土 (Tone) 之大多數爲海成沈澱物。經謬萊氏 (Murray) 及勒挪氏之研究，表明黏土被河流搬達海中，以後在海底沈澱。然硅酸鹽岩類經海水分解亦能發生黏土。據薛立資氏 (Schirlitz) 及懷爾德氏所稱，在海底之硫酸鹽經有機鹽類之作用還原而變爲硫化鐵。所謂青泥 (Blauschlamm) 者，其青色即由硫化鐵所惹起。據二氏之見解，海水與經分解之有機物及海底沈澱鐵間之化學反應即爲產硫化鐵及海綠石之先聲。

此外又有在淡水中沈澱而發生者之黏土，且又有由風化直接變成而被覆於地面上者之一種。

高嶺土　高嶺土 (Kaolin) 係經飽和炭酸之水從正長石變成，而凡富長石之岩石如花崗岩、片麻岩、斑岩等皆供給造高嶺土之材料淨潔之水（卽使又熱）對於正長石祇惹起極微細之作用；故不能促成高嶺土之生成。高嶺土似不能由單簡風化作用由正長石發生，有之亦極偶然；其大多數似不單由含炭酸之水但又經後火山作用之合作而發生。據羅斯勒氏(H. Rossler) 該氏輓近曾詳細考查高嶺土層）及老納氏(Launay) 之見解，稱高嶺土之生成並非由於天水之作用，並引陶勃萊氏、圖谷特氏 (Thugutt) 叩令斯氏(Collins)之實驗爲證。在該輩之實驗中，高嶺土未能一直由淨潔水及炭酸之作用而發生。羅斯勒氏且依浦克氏 (L. V. Buch) 之見解而決定高嶺土爲氣化作用之結果，並料想地中深處之氣（恐成氟化硅）硼酸及亞硫酸爲惹起作用之要素。此見解是否對於高嶺土之發生一律適用，又其數種是否能在溫泉中發生，則尙未能解決；在地中如若存有鉅量氟素，則有雲母發生。

風成沈積物　風之蝕削（懷爾德氏稱之曰風蝕 Deflation) 亦能發生沈積物。風成沈積物凡如荒野及沙漠之飛砂及黃土（其中灰石結核係以後生成）以及產俄國之腐植質砂統屬之。凡沈積物無論由何種方法發生，經硬化作用及上層壓力作用後，皆發生砂岩、砂質泥等，其中在石英粒間之黏土質物或灰石質物爲此類岩石之膠結物；有時此種膠結物似並不存在。凡不含膠結物之岩層卽使年代古者仍能保持其沙質癖性而卽受上層壓力時亦然。在第三系中此情形似不少現出，如發生於波米希褐炭層中者是。

明礬土、明礬黏板岩　許多含有細小黃鐵礦之黏土經氧化作用，發生綠礬。綠礬與岩石中之鹼質及礬土相作用，發生明礬(Alaun)許多並含有硫礦細顆。在明礬黏板岩(Alaunschiefer)中，黃鐵礦亦爲產明礬之材料。福書哈美爾氏(Forchhammer)謂在黏土中黃鐵礦係經海藻之合作而產出。又安特魯沙氏(Andrusow)證明在黑海中因深處之水不依上下方向爲充分之流動，且因在深處缺乏養氣發生富黃鐵礦之沈澱，在是處凡成硫酸鹽沈澱之物質經細菌之還原作用變化而爲硫化物。在婆姆之明礬黏板岩據施勒活克氏之見解謂並非依同樣方法生成，但因鄰近火山之破裂，致予温泉以產黃鐵礦之機會。

紅土　在熱帶區域現見一種富鐵分之水化礬土，稱曰紅土(Laterit)。馬克斯包歐氏(Max. Bauer)謂紅土之生成係爲硅酸礬土溶解後發生與水黏土板岩(Hydrargillit)相近似之水化礬土之結果。水化礬土以後與成水化物之鐵質相混合，致現紅色。與紅土相類屬者，有水礬土礦(Bauxit)。此物爲地質時期較古之紅土，而爲硅酸礬土鹽類經溶解後之殘留。至使硅酸礬土鹽類溶解之溶液，據包歐氏所稱，爲一種苛性溶液。懷爾德氏(尤其巴撒區氏 Passarge)謂硝酸使硅酸鹽類分解，而覺熱帶植物卽爲此作用之角色。霸愛氏(G. C. du Bois)之見解係與包歐氏一致，亦以紅土爲由硅酸礬土提出之水化礬土。該氏謂硫酸係此作用之分解劑，其存在可由黃鐵礦在岩石中之廣布明之。黃鐵礦分解後變化而爲硫酸，此酸亦能由硫化氫（由熱帶植物經腐敗而發生）經氧化作用直接發生。霸愛氏謂硅酸礬土鹽類經硫酸之作用發生硫酸礬土溶液，後者經炭酸之作用（或炭酸鹼較爲近理）析出水化礬土。霍蘭氏（T. H. Holland）謂在此變化中細菌亦有關係。

第十四章　化學沈澱岩鹽石膏及硬石膏之生成

含氯化鈉及硫酸鹽類之水，一遇蒸發之機會，卽蒸發並析出其所含之物質，如海水、鹽湖水等皆能因是而析出其所含物質，如光鹵石（Carnallit）硫酸鎂礦（Kieserit）鉀鹽（Sylvin）等。鹽類礦藏之最重要者厥爲海成鹽類礦藏，然其生成有其特別的環境、氣候等在生成一方面岩鹽與石膏及硬石膏有密切之關係。

然成是種沈澱礦物之鹽酸及硫酸究從何而來，且依何法而入海水中則爲一個問題。若謂此種成分係由天水從岩石中提出而後由河流搬達海中，則此假定並不適當。今日海水中一部分之鹽酸及硫酸雖則由河流搬入，然其原來的氯分及硫分顯然出於火山，而爲火山破裂時是種物質盛量噴出之結果。鹽層之重要者及較厚者概屬海相。海水中之鹽類既由蒸發而沈澱，則其沈澱之處必屬於與大海相聯絡之一灣。地中海之水已與大西洋之水相差別，而與黑海或裏海之水尤然。然卽使在同一海中海水亦能依區域呈顯著之差別，而與已開始發生沈澱之灣水比較時則尤甚。茲將裏海之成分與其喀棘布戛斯灣（Karabugasbucht）之成分相比較則得重要差別如次：

依分析所得，水中各物質之百分率爲：

	NaCl	MOSO₄	MgCl	CaSO₄
在裏海表面	0·78	0·305	0·054	0·085
在喀棘布戛斯灣之表面	11·88	3·32	2·535	0·36

在表層水中，$MgSO_4$ 及 NaCl 之含量比較底層水中爲低；反之，$MgCl_2$ 之含量則較高。其差別可從左表明之。

	在底層	在表層
NaCl	66·58	65·30
$MgSO_4$	20·98	18·79
MgCl	10·40	13·93
$CaSO_4$	2·04	1·98
	100·00	100·00

由比較裏海水及喀棘布戛斯灣水之分析，知兩處 NaCl 之含量不過相差於百分之六二至六五之間，惟氯化鎂及硫化鎂則互相消長，其平衡狀態依溫度爲向右或向左的移動。茲舉其公式如次：

$$MgSO_4 + 2MgCl \longleftrightarrow MgCl_2 + NaCl_2 + NaSO_4$$

古乃格夫氏 (Kurnakoff) 在聖彼得堡礦務學校由試驗所得之結果，證明喀棘布戛斯灣之水在一八度時並不飽含 $NaCl + NaSO_4$。該氏進而揣測此灣中之芒硝係單獨而並非與岩鹽一并產出。比較喀棘布戛斯灣更進一階級者，則有鹽湖 (Salzseen)。鹽湖中以厄爾吞湖 (Elton-See) 調查較詳。此湖已發生氯化鈉之沈澱，故其水不啻爲海水與固體岩鹽層間之過渡物。其在夏季之沈澱係與冬季不同，因海水之溫度在時季而變，致沈澱物之性質及分量亦隨時而有差別。在海中迨雪融解後，鹽層之上部重復溶解。在夏季時發生氯化鈉及石膏之沈澱，而在冬季沈澱之含利鹽則反重復溶解，故海水之分析月月能發生鉅大差別。

鹽湖當初沒在海水下，後因水面變遷（如因海岸上昇），海水退下，然仍留下有數貯海水之湖。凡流入是種湖中之河水天然使湖水變淡（如在裏海中是），故鹽類之沈澱祇能在無河水流入之湖中發生。大海之各部分既未能含有相同之鹽類，故就實際言，海水並無某一定成分，而無非有一種平均成分而已。凡特荷甫氏謂厄爾吞鹽湖自有鈣鹽沈澱後，其成分如次：水一〇〇〇，NaCl 二四，KCl 一一·五，$MgCl_2$ 四〇·七，$MgSO_4$ 二〇。

下列爲海水及鹽湖水之數分析（依據羅夫氏 J. Roth）。

	I	II	III
$NaCl$	8·116	83·284	38·3
RCl	0·134	9·956	2·3
$RbCl$	0·003	0·251	——
$MgCl_2$	0·612	129·377	197·5
$MgBr_2$	0·008	0·193	——
$MgSO_4$	3·086	61·935	53·2
$MgCO_3$	——	——	——
$CaSO_4$	0·900	——	——
$CaCO_3$	0·078	——	——
$FeCO_3$	0·001	——	——
$Ca_3P_2O_8$	0·002	——	——
SiO_2	0·002	——	——
	12·942	284·996	291·3

（I）裏海千分海水中之鹽分

（II）喀棘布戛斯灣千分水中之鹽分

（III）厄爾吞湖千分水中之鹽分

沙洲說　比沙普氏在解釋鹽層在海中之生成時，假定在鹽層沈澱之區域，有沙洲與大海相隔斷，而此見解且得奧石尼烏司氏之同情。據比氏之意，凡發生鹽層之灣，其灣口帶有一種近水平之沙洲。此沙洲祇讓在灣面能蒸發之水量侵入灣中。鹽層之厚度視灣之深度及其他情形而異，蓋其生成有熱而少雨量的氣候與劇烈蒸發作用之必要。沙洲務須不將灣口完全封閉；如是海水得源源侵入灣中（奧石尼烏司氏且謂沙漠中之岩鹽係先在帶沙洲之小灣沿岸沈澱，而後因上昇致現出地面）。灣口之沙洲務須近水平位置，且務須祇任有限水量侵入。若灣口循環啓閉（此情形並不常見），則發生不含石膏之岩鹽薄層。沙洲但不可完全水平，且不可無斷續，在沙洲中須有數個入灣之缺口。完全不含石膏之岩鹽極爲稀見，此情形表示灣口未曾一度經沙洲封閉。

懷爾德氏則反對奧石尼烏司氏之見解。該氏指明沙洲在開海中無永久性，且據該氏之意，喀棘布戞斯灣爲一種無河流流入之內湖，並認地面之昇降作用爲其中之重要角色。當灣底降下時，海水流入灣中，上昇時則與海相隔斷。其反對沙洲說之主要理由在認沙洲不能在開海中存立，然其見解不能一概適當。懷氏信鹽層必在內湖中生成，但此情形並非儘然。又假定鹽層生成時之重要條件爲少雨量之沙漠氣候、氣候劇烈的變化及日光較強的變化。是種假定極爲近理。鹽層之生成自然有蒸發之必要；又因地面昇降之關係，淺灣中鹽層之發生自然與深灣中之發生一同有理，而厚鹽層之生成卽因灣岸沈降之故。對於沙洲往往能爲海浪所破壞之問題亦不能反對。成鹽層之材料未必一定出於海水，如在死海中是。懷氏偏反對鹽層及石膏在海中之生成，並謂鹽層祇能在沙漠區域之內湖中生成。此見解未免過分，因其不顧及在喀棘布戞斯灣中有海成鹽層之佳例也。鹽層固偶然可不含化石，而石膏層則常含有之（在石膏中亦含淡水魚化石），然此不能爲鹽層非海成之證，而懷氏在議論中則引以爲證，第不知在維立卡（Wieliczka）之鹽層中，陸棲動物及海棲動物之化石皆得現見。就此一點論，該氏對於其中情形似仍欠明瞭，致不能明白解釋。鹽層在海灣中之生成，嘗牽連多數問題，而當地之沙漠氣候亦其一也。從攸西克利阿司氏（Usiglios）之實驗，知當海水蒸發時，迨微量之水化鐵及炭酸鈣析出以後，即發生硬石膏及石膏之沈澱，而迨原來十分之一之水蒸發以後，即析出岩鹽。如是析出之岩鹽當初與黏土相混合。此後海水復行侵入，致再發生溶解作用及沈澱作用，如是往往反復多次。

石膏及硬石膏　此二礦物之以鉅量產出者，大概祇與岩鹽同伴，其生成方法且與海成鹽層之生成方法相近似。不伴硫酸鈣之鹽層雖幾乎全然不見，然石膏層亦能不伴鹽層而產出，其故因具強溶解性之岩鹽以後離石膏而溶解。至原來不與岩鹽同伴之石膏亦有之，如經火山或硫礦泉噴出之硫化氫氣之作用而產出者是。在此作用中，H_2S 經氧化作用變化而為硫酸，此酸與灰石相遇，則灰石分解而成石膏。是種產出大概祇限於一局部而斷無廣大的分布。他如由金屬硫化物分解而發生之硫酸鹽溶液亦能使灰石分解而變為石膏。尋常石膏之所以不與岩鹽同地現見者，其故因在岩鹽層之上，不經不滲透性岩石之保護，致被水溶解而消失。

石膏往往亦能由硬石膏變成。在此變化中，體積且增加。西拍西亞氏謂壓力單獨對於此變化不發生影響，然壓力影響由硬石膏而變石膏之變化溫度。自有凡特荷甫氏之工作後，石膏及硬石膏發生之理由遂明瞭。石膏之生成係與結晶水之張力而非單獨與溫度有關。在不含氯化鈉之淡水中，石膏祇能在六〇度以下時生成，然如若含有氯化鈉及氯化鎂，則在二五度時仍無石膏產出，但祇有硬石膏生成。海灣中之水既至少有如是高之溫度，故硬石膏時常在海灣中產出。至其他鹽類礦物如石灰芒硝係在溫度十度以上時產出，雜鹵石在零度以上時或竟在零度以下時產出。

岩鹽及廢鹽類　在一完全鹽層中，除石膏、硬石膏、岩鹽外，又有概含鉀分之廢鹽類(Abraumsalze)。凡不含廢鹽之岩鹽層天然比較含廢鹽者爲普通，其故可由海水侵入、沙洲破壞、上昇及曝露諸原因明之。然迫沙洲破壞後，不但廢鹽卽岩鹽每亦溶解，而祇留下石膏層。若海水之蒸發及灌入不能疊連在灣中實現，則廢鹽類無生成之機會，因此其現出至爲偶然。

世界完全鹽層，其一爲斯塔斯佛特鹽層(Stassfurter Lager)。據奧石尼烏斯氏所稱，此層係在德意志北部之苦灰世海灣中生成。其生成時之情形，諒必與裏海沈積層生成時之情形相同。當初沈澱者爲一種六〇〇粍厚之岩鹽層，其中夾七粍厚之硬石膏薄層，在石膏層中又夾有八糎至一〇糎厚之鹽層。此種鹽層之數，表示年份之多少，因在夏季時有硬石膏沈澱，而在冬季時有岩鹽沈澱。其所以然者，因岩鹽之溶解性隨溫度變強，而硬石膏之溶解性，則反因溫度遞增而變弱。此區域稱曰硬石膏區域(Anhydritregion)。其上爲雜鹵石區域(Polyhalitregion)。此區域係以含氯化鈉、硫酸鎂及硫酸鉀爲特性，其厚度爲六二粍而其與上下區域之分界並不淸楚。在是區域中並生成氯鎂石（Bischoffit）。更上爲硫酸鎂礦區域（Kieseritregion厚度爲五六粎），其中除有岩鹽（約百分之六五）、硫酸鎂礦外又有光鹵石、氯化鎂、及細量硬石膏。最上爲三二粎厚之光鹵石區域（Carnallitregion）。此區域係由光鹵石（百分之五五）、岩鹽（百分之二五）及硫酸鎂礦、鉀鹽、氯鎂石及其他稀有鹽類礦物所成。

鹽類礦物沈澱之順序　自攸失克利阿氏由直接實驗海水之晶化作用而得到有趣味之結果後，對於由凡特荷甫氏就化學物理的觀點討論之完全鹽層已明白解釋。從海水溶液首先析出硬石膏、石膏及低量岩鹽，次析出岩鹽。鹽類礦物沈澱之順序普通係依溶解性，但並非單獨依在水中之溶解性，蓋在水中一物質溶解性之強弱，隨第二種及第三種物質之加入而有變動也。凡特荷甫氏由多數溶解性實驗，決定鹽類之與天然相當之沈澱順序，並研究一二種原生鹽類礦物（然其中一種 $MgSO_4+6H_2O$ 在自然界中並不產出）之在二五度時之生成方法及其共同產出。鹽層中有數鹽類之產出有一個較高溫度的必要，而有數祇須低溫度，鹽類之所以在不同處生成者，卽因海水之溫度隨處不同之故。然許多以鉅量產出之礦物係屬次生性質而係由別種鹽類經次生變化而發生，如在藝術上重要之鉀鹽及鉀瀉利鹽是。據折馬克氏．（G. Tschermak）所稱鉀瀉利鹽係由光鹵石及硫酸鎂礦經侵入之水變化而成，然據克魯氏（Kloos）之見解，稱鉀瀉利鹽係在鹽層之鞍部發生。對於各礦物之生成，溫度爲一個重要角色。至侵入之水恐非爲天水，但爲海水，如往往可由硬石膏被殼證明之。

岩鹽層之溫度　吾人早知岩鹽層之生成須有一種沙漠氣候。至其所必須之最高溫度，雖不能確定，然想在七二度以下。加勒申斯基氏（V. Kolecsinsky）曾經調查匈亞利之鹽湖之溫度。該氏謂在是等鹽湖中溫度係隨深度而增，且儲有熱量，如在梅烏湖（Medve-See）中，一種有七〇度高溫之日熱係儲在兩冷水層間之一熱水層中。

奧石尼烏斯氏亦謂在冷的環境下熱水之溫度能保持極久，因此信鹽層中有數部分能歷久保持其高溫度，而鉅厚鹽層各部分之溫度可有二五度以至五〇度或猶過之，此殆為一意中事，然就凡須有高溫度之礦物不常發生一點觀之，在鹽層中高溫度殆為一例外，而祇在有數部分中為限。

自經凡特荷甫氏一度之試驗後，對於鹽類礦物生成時所須之溫度始略有決定。凡氏從共生一方面觀察，製出一種地質溫度計。該氏曾由實驗決定鹽類在二五度時之析出順序，然其中有一族鹽類須在高溫度方能析出，如哈德鹽（Hartsalz 係在七二度時析出。廢鹽類生成時之溫度就六水化鎂在實驗中不現出一方面觀之似在二五度以上（約在三二度），但普通在三七度以下。由凡氏之實驗，知在三七度時（有時在四三度及四六度時），硫酸鎂鉀礦（Langbeinit）紅硫酸鈉鎂礦（Loeweit）及硫酸鎂鈉礦（Vanthoffit）始行生成。然此三種礦物尤其後者二種極為稀見，而此即表示高溫度實不易發生。哈德鹽生成時之溫度雖云有七二度之高但在自然界中此溫度未必一定達到，蓋在自然界中時間能代替高溫度，其經歷時間定必較實驗中爲久長。又在光鹵石及硫酸鎂礦之混合物中，如若加水，則光鹵石亦能在七二度下變化而爲鉀鹽。凡氏亦研究二五度以下時之情形，並發見在一三度時，鹽層中並不現見之一鹽 $MgSO_4+6H_2O$ 卽行消失，在一八度時（在一三度與二八度之間較爲眞確）硫酸鎂礦亦消失，在一三度半時有無水芒硝(Thernardit) 析出而芒硝 (Glaubersalz) 亦成在一八度時發生利尼礦 (Leonet) 而在四度半時發生白鈉鎂礦 (Astrachanit)。奧石尼烏斯氏信鹽層生成時之溫度爲在四〇度左右，而凡特荷甫氏與加勒中斯基氏料其最高溫度爲七二度。據上文所述，除哈德鹽外，其餘鹽類祇須有三一度以至四六度之溫度卽可次第生成。哈德鹽之生成須有較高之溫度，至是否祇須局部有如此高之溫度，則未能決定，如若祇須有局部高的溫度，則在凡有沙漠氣候之地皆可生成。奧石尼烏斯氏信鹽羣之生成須有四〇度高之溫度，然此不能解釋哈德鹽之生成。鹽層尋常之溫度恐祇在三一度至三七度，但在許多處因經上層熱水之加入及強日光暴曬作用，其溫度或可有七〇度。

時間及壓力之影響　凡特荷甫氏謂過飽和作用之進行極爲迂緩，並謂在實驗中硫酸鎂礦、利尼礦、鉀瀉利鹽等物質之析出往往爲受高溫度影響之結果，然若實驗之時間延長，則此種物質亦能在低溫時析出。至壓力之影響則極小，在溢晶石 (Tachhydrit) 生成時，其變化點每增一氣壓祇增加〇・〇一六度。由右膏而變硬石膏之變化溫度係在六三·五度而在二〇氣壓下祇減小一度。

方硼礦生成之解釋似爲一種難解決之問題。其他含硼之礦物，似概由此礦物變化而發生。鹽層中硼酸之由來雖尙爲一個未曾圓滿解決之問題，然終可假定硼酸鹽類係存在母液中。至硼素盛量之現出，除由昇華作用而生成者外，祇以有數硼砂湖爲限（許多山裏人之見解謂硼酸係由溫泉水從深處帶出）。

鹽類礦藏並非到處皆可保存，其故因水能使可溶解之鹽類重復溶解。此類礦藏之所在，故祇限於無雨量之區域中（如在沙漠中）；如其上面被有礦物碎屑或硬石膏石膏或黏土等不透水層者則亦可保存。凡每一立方粎岩鹽之生成，計須七四立方粎之海水。

在有河水注入之鹽湖中（如在死海中），氯化鈉係與炭酸鈣一同析出。在春季時以上兩鹽類皆不析出，在夏季時如若河水之注入爲量有限，則此兩鹽類及其他鹽類皆依化學方法沈澱，然一遇多雨之時節，則岩鹽一部分重行溶解，如是反覆發生不規則岩鹽厚層（如比沙普氏所稱之荷爾 Hall 鹽層是）；石膏天然亦產出。

硝石　硝石 (Salpeter) 係產在智利及玻利維亞間之乾燥區域中。奧石尼烏斯氏假定硝石爲從岩鹽礦發生。從安特 (Anden) 火山產出之炭酸使岩鹽變化而爲炭酸鈉。此物經含錏之糞化石（產該處對面島嶼中）之作用變化而爲硝石（錏變化而爲硝酸）。近來普拉杜孟氏 (Plagemann) 以發酵化學之眼光觀察，對於此礦物之生成謂與岩石之風化及同時有機物殘留之敗壞有關。含氮之有機物經細菌之作用敗壞而有錏發生，後者經硝石細菌之養化作用變化而爲硝酸；此物以後與風化岩之鹼質相作用，遂發生硝石。然大多數硝石在生成以先皆經過鈣硝之階段，其生成且須有一潮濕而熱之氣候及一種稍高的温度（最好能達三七度）。此礦物祇偶然在從前熱而潮濕今則具草原氣候之區域中保存。岩石中之鈉分既比較鉀分容易分出，故尋常多產鈉硝石。關於硝石之生成，意見頗多，而迄今無一個能使人滿意；其生成除視與糞化石有關外，在其海成的產出中又認爲與海藻之流入有關；此外又有從火山產出之一種。

蘇打　蘇打 (Soda) 或在蘇打湖中或在沙漠中產出。成蘇打之炭酸鈉係由硅酸鈉經流水之風化作用發生，其一部分爲直接分解物，其他一部分爲由氯化鈉及硫酸鈉變成，如據希爾加氏所稱在沙漠中之蘇打係由是種鹽類遇炭酸而發生。此變化有過多量炭酸之必要；至炭酸自必出自火山。坦那德氏 (Tanator) 稱蘇打係硫酸鈉與重炭酸鈉作用之結果，而有炭酸、硫酸鈣、硫酸鈉會合之必要，發斗氏 (H. Vater) 則反對此見解。該氏謂蘇打之生成有土壤菌合作之必要。至較爲詳切的情形現今尚未十分明白。

此外化學沈澱物尚有硅藻土 (Kieseltuffe) 石灰華 (Kalktuffe) 及海綠石 (Glaukonit)；凡此種種早在上文中述及之。又褐鐵礦亦爲水中沈澱物，但其生成係與鐵細菌之作用有關。許多視爲直接化學沈澱物者之岩石，其生成皆與細菌有關，如蘇打及硝石之生成是。

敬啟

『民國專題史』叢書，乃民國時期出版的著名學者、專家在某一專題領域的學術成果。所收圖書絶大部分著作權已進入公有領域，但仍有極少圖書著作權還在保護期内，需按相關要求支付著作權人或繼承人報酬。因未能全部聯系到相關著作權人，請見到此説明者及時與河南人民出版社聯系。

聯系人 楊光
聯系電話 0371-65788063